景观格局变化与生态系统服务

范钦栋 著

科学出版社
北京

内 容 简 介

近几十年来，全球城市化进程在加快，地表景观变化日新月异。城市化推动了社会经济的发展，但也带来了一系列的环境问题。本书以景观格局变化来量化城市化进程，以生态系统服务来量化环境的变化，首先对景观格局变化和生态系统服务进行了介绍，随后以案例形式对景观格局变化下的生态系统服务响应进行了研究。本书选取的案例研究区属于中国城市化的代表区域，位于河南省郑州市和开封市的城市对接区，著者以景观生态学为主、多学科融合的方法，对郑汴一体化核心区域的景观格局变化及生态系统服务的响应进行了研究，有助于读者理解城市化过程对区域生态系统服务的影响，并为生态系统服务关系的分类研究和生态系统服务关系的多时段研究提供了新的思路。同时，本书在生态系统服务研究的基础上也给出了研究区生态系统服务管理的具体建议，可以为相关研究和政策制定提供参考依据。本书内容丰富、新颖，是一本值得学习和研究的著作。

本书可供各地政府决策部门、地理学和生态学相关学科研究人员参考使用。

图书在版编目（CIP）数据

景观格局变化与生态系统服务/范钦栋著. —北京：科学出版社，2017.8
ISBN 978-7-03-053753-9

Ⅰ.①景… Ⅱ.①范… Ⅲ.①景观学－生态学－研究－河南 Ⅳ.①Q149

中国版本图书馆 CIP 数据核字(2017)第 133546 号

责任编辑：刘 畅 刘 丹 韩书云/责任校对：王晓茜
责任印制：张 伟/封面设计：铭轩堂

科学出版社 出版
北京东黄城根北街 16 号
邮政编码：100717
http://www.sciencep.com

北京凌奇印刷有限责任公司 印刷
科学出版社发行 各地新华书店经销

*

2017 年 8 月第 一 版　开本：720×1000　1/16
2022 年 9 月第三次印刷　印张：11 3/4
字数：249 000
定价：88.00 元
（如有印装质量问题，我社负责调换）

前　　言

近几十年来，城市化在全球快速推进，城市用地不断向外围扩展。城市化的发展推进了社会经济的发展，但也带来了一系列的环境问题，在中国乃至全球，城市化区域已经成为了生态脆弱区。本书的案例研究区属于中国城市化发展的代表区域，位于河南省郑州市和开封市的城市对接区域，是郑汴一体化的核心区域，也属于国家中心城市和自贸区的划定范围。自21世纪以来，研究区的景观格局发生了很大变化，但景观格局的变化程度如何，对区域生态系统服务的影响怎样，是当地政府和群众亟待了解的问题。

本书采用以景观生态学为主、多学科融合的方法，探讨研究区2000～2015年的景观格局变化及生态系统服务的响应问题，有助于理解城市化过程对区域生态系统服务的影响。同时，本书为景观格局变化下的生态系统服务研究提供了新的思路，如生态系统服务关系的分类研究和生态系统服务关系的多时段研究等。本书在生态系统服务研究的基础上也给出了研究区生态系统服务管理的具体建议，可以为相关研究和政策制定提供参考依据。

此外，本书在写作过程中得到河南大学丁圣彦教授、洛阳师范学院梁留科教授等的指导，同时也得到2017年度中国科协高端科技创新智库青年项目（No. DXB-EKQN-2017-026）；国家自然科学基金（No.41371195，No.91547209，No.51409103，No.41501466）；洛阳师范学院"旅游管理"河南省优势特色学科，中原经济区智慧旅游河南省协同创新中心，中意智慧城市合作研究室；河南大学博士后科研启动经费，河南省哲学社会科学规划项目阶段性成果（2017BYSO16）；华北水利水电大学设计学特色学科等的支持，在此一并表示衷心感谢。

由于著者水平有限，不妥之处在所难免，敬请读者批评指正。

范钦栋
2017年8月

目 录

前言
第1章 绪论·· 1
  1.1 本书写作背景·· 1
  1.2 国内外研究进展··· 2
    1.2.1 城市化概述·· 2
    1.2.2 景观格局研究进展·· 2
    1.2.3 生态系统服务研究进展·· 7
    1.2.4 景观格局变化下的生态系统服务响应研究进展······································· 13
  1.3 本书的研究内容和研究意义··· 15
    1.3.1 研究内容··· 15
    1.3.2 研究意义··· 15
  1.4 拟解决的关键科学问题··· 18
第2章 研究区概况·· 19
  2.1 地理位置··· 19
  2.2 研究区选择依据·· 20
    2.2.1 研究区选择的代表性·· 20
    2.2.2 研究区选择的典型性·· 20
    2.2.3 研究区选择的战略意义··· 20
    2.2.4 研究区亟待解决的实际问题··· 20
  2.3 自然地理概况·· 21
    2.3.1 地形·· 21
    2.3.2 气象气候··· 21
    2.3.3 土壤和水文·· 21
    2.3.4 主要植被··· 22
  2.4 生态环境现状·· 22
  2.5 社会经济概况·· 22
第3章 研究方法·· 24
  3.1 基本方法··· 24
    3.1.1 资料搜集与野外调查相结合··· 24

- 3.1.2 多学科理论方法相结合 ·············· 24
- 3.1.3 定量和半定量方法相结合 ·············· 24
- 3.2 具体研究方法 ·············· 25
  - 3.2.1 数据的来源与处理 ·············· 25
  - 3.2.2 数据的精度评价 ·············· 26
  - 3.2.3 景观格局变化及驱动力分析 ·············· 27
  - 3.2.4 景观格局的动态预测 ·············· 27
  - 3.2.5 景观格局变化下的生态系统服务评价 ·············· 27
  - 3.2.6 生态系统服务之间的关系研究 ·············· 27
  - 3.2.7 景观格局与生态系统服务的对应关系研究 ·············· 27
- 3.3 技术路线 ·············· 28

第4章 景观格局动态变化 ·············· 29
- 4.1 景观要素分类与制图分析 ·············· 29
  - 4.1.1 景观要素分类 ·············· 29
  - 4.1.2 景观动态变化特征 ·············· 29
  - 4.1.3 景观变化热点区域分析 ·············· 31
- 4.2 景观格局指数的选择和研究尺度的确定 ·············· 33
  - 4.2.1 景观格局指数的选择 ·············· 33
  - 4.2.2 研究尺度的确定 ·············· 35
- 4.3 景观格局指数分析 ·············· 40
  - 4.3.1 景观水平 ·············· 40
  - 4.3.2 类型水平 ·············· 42
- 4.4 景观要素面积转化 ·············· 51
  - 4.4.1 2005~2010年的景观要素面积转化 ·············· 51
  - 4.4.2 2010~2015年的景观要素面积转化 ·············· 51
- 4.5 景观格局的梯度分析 ·············· 52
  - 4.5.1 梯度分析的幅度 ·············· 52
  - 4.5.2 梯度分析的结果 ·············· 55
- 4.6 研究区总体景观格局的动态变化 ·············· 58
- 4.7 景观格局的变化预测 ·············· 59
- 4.8 景观格局变化的动因分析 ·············· 61
  - 4.8.1 自然因子影响 ·············· 62
  - 4.8.2 人文因子影响 ·············· 63
- 4.9 本章小结 ·············· 67

第5章 景观格局变化背景下的生态系统服务评价 ... 69
5.1 生态系统服务的选择 ... 69
5.2 碳储量服务评价 ... 70
5.2.1 基础数据来源 ... 70
5.2.2 数据的修正与处理 ... 73
5.2.3 碳储量服务量化及制图 ... 74
5.2.4 碳储量服务管理建议 ... 78
5.3 生境质量服务评价 ... 78
5.3.1 生境评价方法 ... 79
5.3.2 评价参数设定 ... 80
5.3.3 生境评价结果 ... 82
5.4 景观文化服务评价 ... 92
5.4.1 景观文化评价 ... 92
5.4.2 景观文化服务管理建议 ... 96
5.5 小麦产量服务评价 ... 96
5.5.1 小麦产量评价 ... 96
5.5.2 小麦产量服务管理建议 ... 97
5.5.3 粮食生产可持续发展讨论 ... 97
5.6 本章小结 ... 98

第6章 生态系统服务之间的关系研究 ... 100
6.1 生态系统服务之间关系的分类框架和定义 ... 100
6.1.1 生态系统服务之间关系的分类框架 ... 100
6.1.2 生态系统服务之间关系的定义 ... 100
6.1.3 生态系统服务关系的研究发展方向 ... 104
6.2 生态系统服务之间关系的多时段对比研究 ... 104
6.2.1 以动态当量因子法为基础的生态系统服务之间关系的研究 ... 105
6.2.2 以本书研究的4种生态服务为例进行分析 ... 110
6.3 本章小结 ... 113

第7章 景观格局和生态系统服务的对应关系研究 ... 115
7.1 理论基础和数据来源 ... 115
7.2 研究结果 ... 116
7.3 本章小结 ... 118

第8章 结论、讨论和创新点 ... 119
8.1 景观格局研究的主要结论 ... 119
8.1.1 景观格局变化明显,人为影响是其主要驱动力 ... 119

8.1.2 生态系统服务总体处于下降趋势 ······ 120
8.1.3 生态系统服务之间的关系复杂 ······ 121
8.1.4 景观格局和生态系统服务之间的相关程度不一 ······ 122
8.2 景观格局研究的讨论 ······ 122
8.2.1 景观格局研究的困境和发展方向 ······ 122
8.2.2 生态系统服务研究的尺度性 ······ 123
8.2.3 生态系统服务之间关系研究的场景限制性 ······ 123
8.2.4 景观格局和生态系统服务对应关系研究的缺陷 ······ 124
8.3 景观格局研究的创新点 ······ 124
8.3.1 生态系统服务关系的多元化分类 ······ 124
8.3.2 景观格局动态变化和生态系统服务的响应 ······ 124

参考文献 ······ 125

附录 ······ 133
基于土地利用变化下的河南省生态系统服务价值变化与模拟 ······ 133
土地利用/覆盖变化背景下的生态系统服务分析——以河南省为例 ······ 140
Analysis the change of ecosystem services with land use in county scale of Fengqiu, Henan Province, China ······ 147
Landscape pattern changes at a county scale: A case study in Fengqiu, Henan Province, China from 1990 to 2013 ······ 160

第1章 绪　　论

1.1　本书写作背景

近几十年来，随着城市化的快速推进，城市用地不断向外围扩展，城市景观变化已经成为全球景观变化的重要组成之一（贾琦等，2012）。在城市化过程中，各种产业、人口、交通和建筑等要素的集聚分布迫使大量自然或半自然景观转化为城市景观（陈彩虹等，2005），地表景观格局也以前所未有的速度发生着改变。

城市化背景下的地表景观格局转化具有显著的单向性特征，即自然用地（森林等）和半自然用地（农田等）快速转化为建设用地（居住用地、交通用地等）。这种转化在短期内推进了社会经济的发展，但同时也带来了一系列问题，如土地退化、水土流失、环境污染等，使城市化区域成为生态脆弱区（邓劲松等，2008）。究其原因，是覆盖于地表的生态系统的能量流、物质流、信息流随着城市化的发展，受到人为的干扰和破坏，导致地表很多生态系统服务发生变化、转化，甚至消失（Paruelo et al.，2001；Dresser et al.，2001）。这不仅会对当地环境产生威胁，城市化背景下的景观格局变化也在区域和全球尺度上影响着生态系统的结构与服务（郭泺等，2006）。

生态系统服务是人从生态系统中获得的多种惠益，一般分为4种，即供给服务、支持服务、调节服务和文化服务（Costanza，1997；MA，2005）。人类的生存和发展依赖于生态系统服务的供给，即生态系统服务与人类福祉紧密相关。城市化带来的景观格局变化及生态系统服务变化已经成为全球生态学研究的前沿和热点问题（傅伯杰和张立伟，2014）。

目前，发达国家的城市化速度逐步放缓，而发展中国家的城市化却在快速发展。作为发展中国家的代表——中国，其地表景观格局在城市化的影响下不断发生着变化。研究区属于中国城市化发展的代表区域，位于河南省郑州市和开封市的城市对接地段，属于郑汴一体化的核心区域。郑汴一体化是河南省郑州市和开封市联合发展的城市化发展规划，属于中原城市群的子规划，该规划将郑州和开封两个城市通过郑开大道等一些快速交通道路连接起来，同时在区域范围内通过一些具体的政策和制度，实现物质产品及人力资源等的无差别流动，达到郑州和开封共同繁荣与互补发展（河南省发展和改革委员会，2005）。

郑汴一体化的核心区域属于中国城市化快速发展的典型区域，受人为干扰影响极大，主要受中原城市群规划、郑汴新区规划、郑汴产业带规划等的影响。本书以郑汴一体化的核心区域为实证，深入探讨城市化过程中景观格局变化对区域生态系统服务的影响。本研究主要侧重于景观格局和生态系统服务的基础理论研究，尝试为国家政策的实施提供检验依据，同时为解决中国当代城市化发展中的环境问题提供决策参考。

1.2　国内外研究进展

目前，城市化已经成为主导城市周边区域景观格局变化的重要因子（Grimmond, 2007），而景观格局变化下的生态系统服务响应问题也已成为全球景观生态学研究的热点和核心问题。城市化带来的直接表现就是景观格局的改变，本书侧重于城市化带来的景观格局变化对区域生态系统服务的影响研究，对规划层面不做深层次研究。

1.2.1　城市化概述

城市化（urbanization）一般有两种理解：一是指人口向城市或城镇地区聚集的过程；二是农村地区转变为城市地区的过程。此即常说的人口城市化和土地城市化，而土地城市化指的就是土地景观格局的变化，即前文所述，大量自然和半自然用地转化为建设用地的过程。

发达国家的城市化已经到了后期阶段，而我国正处于城市化的快速发展期（王桂新，2013）。我国城市化的发展，宏观上以城市群的布局为依托，具体是城乡一体化发展模式。

城市化的发展不可避免会对区域环境产生影响，Taylor Miller 早在 1990 年就指出，城市化水平决定了区域生态环境的污染状况。目前，我国快速的城市化进程使地表景观发生了巨大变化，以地表景观为依附的生态系统服务受到了强烈的人为干扰，致使区域生态环境发生了很大变化。

1.2.2　景观格局研究进展

1. 国外景观格局的研究现状

为获取景观格局在国外的研究现状，用"ScienceDirect"软件，采用"Title-Abstr-Key"搜索"Landscape Pattern"，结果如图 1-1 所示。

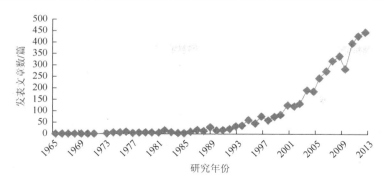

图 1-1 国外关于景观格局的研究文献数量

在国外,早在 20 世纪 50 年代就有了针对景观格局的描述性分析(Forman and Godron,1986)。1965~1995 年属于景观格局研究的起步阶段,研究文献从无到有,最多年份不超过 50 篇,数量化的研究方法大约从 20 世纪 70 年代才逐渐出现(张金屯等,2000)。1996~2013 年属于景观格局研究的快速发展期,研究文献从四五十篇增加到每年的四五百篇。

近几十年来,国外许多学者都开展了景观格局的研究工作。欧洲和北美洲作为景观生态学的起源地,引领了景观生态学的方向,代表人物有 R. T. T. Forman、M. G. Turner、E. P. Odum 等,但欧洲和北美洲在景观格局的研究上也存在一些差异,具体如表 1-1 所示。

表 1-1 欧洲和北美洲景观生态学的研究特点对比

研究特点	欧洲(偏地理)	北美洲(偏生态)
学科角度	多学科	单学科
量化	定量研究少	定量研究多
研究核心	以人为本	以物种为核心,以"格局—过程"为核心
研究对象	以人类占主导的景观为研究对象,乡村、城市较多	以自然景观类型和要素为研究对象,森林、草地较多

自 20 世纪 90 年代以来,国外对景观格局的研究主要集中在土地利用/覆盖变化(LUCC)的生态响应上。尤其在 1995 年,国际地圈生物圈计划及国际全球环境变化人文因素计划共同提出《土地利用土地覆盖变化科学研究计划》之后,LUCC 和地理信息系统(GIS)平台的结合已经成为景观格局研究的重要方法。

2. 国内景观格局的研究现状

为获取景观格局在国内的研究现状,采用关键词"景观格局"在中国知网进行文献的主题搜索，结果如图 1-2 所示。

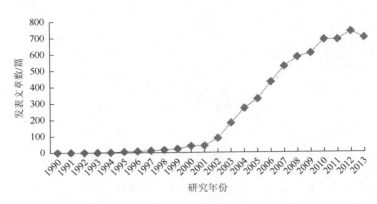

图 1-2　国内关于景观格局的研究文献数量

结合相关文献（刘颂等，2010），20 世纪 80 年代，林超、陈昌笃将景观生态学的相关概念和理论引入中国，景观格局作为其核心思想之一在学术界引起了广泛关注，此时期的研究主要为国外相关理论介绍。

1990~2000 年属于我国景观格局研究的起步阶段。1990 年，肖笃宁等发表了《沈阳西郊景观格局变化的研究》，标志着我国学者开始对景观格局进行研究。随后，傅伯杰于 1995 年在生态学报发表了《景观多样性分析及其制图研究》，对景观格局、景观格局指数及景观多样性制图进行了介绍。刘海燕（1995）介绍了 GIS 在景观生态学中的应用，尤其是在景观格局时空变化分析中的应用。王宪礼等（1996，1997）利用遥感和 GIS 在辽河三角洲地区描述了当地湿地的景观格局变化。马克明等（1998）与马克明和傅伯杰（1999）对景观格局的多样性进行了研究，并以北京东灵山森林景观为例进行了案例分析。这一时期内，我国景观格局研究的文献数量总体较少，但逐渐增多，内容多为国外研究方法的借鉴和简单景观生态学理论分析。

21 世纪以来，我国经济进入了快速发展期，城市化在全国快速推进，地表景观和生态环境发生了巨大变化，为景观格局研究提供了丰富的资源。这一时期的文献研究也出现了迅猛增长。从 2001 年的 42 篇增长至 2013 年的 695 篇。这一时期对景观格局的理论研究开始逐渐增多。例如，张秋菊等（2003）阐述了关于景观格局演变的若干问题，如演变分析方法和驱动机制等。郭晋平和张芸香（2005）提出了景观格局分析空间取样方法，即统一网格样方取样法和统一网格样点取样法，并介绍了相应的样方数值计算方法。武鹏飞等（2013）采用线性抽样和分形理论的一些指数对景观异质性进行了分析。曹伟等（2011）利用土地景观格局指数，采用粗糙集与突变级数相结合的方法对土地利用进行景观分区。李秀珍等（2004）讨论了景观格局指标对不同景观格局的反应，评价了一些常用指标的实用性和局限性。陈利顶等（2008）指出了景观格局的发展现状和将来的 5 个发展方向。傅伯杰等（2005）阐述了景观格局与水土流失的尺度特征和耦合方法……我国学者在这一时期对景观格局应用的研究区域几乎覆盖了整个地表，具体如表 1-2 所示。

表 1-2 中国学者对景观格局的研究区域分析

研究区域	研究内容	学者
森林	伊洛河流域森林景观格局变化动态	丁圣彦等，2003
草原	呼伦贝尔大草原 1988~2004 年景观格局时空变化的分析和评价	刘立成，2008
农田	三江平原农业景观异质性分析及如何确定最优度的遥感尺度	温兆飞等，2012
城市	采用景观格局转移矩阵、景观格局指数和分形理论等方法研究了厦门市半城市化地区城市化过程中（1987~2007 年）的景观格局空间演变特征，同时进行了驱动力分析	花利忠等，2009
湿地	以西溪国家湿地公园为研究案例，从景观功能分类入手，揭示了城市湿地公园的景观格局与功能特征	李玉凤等，2011
沙漠	采用景观格局指数法对西部干旱区 1982~2000 年的景观动态特征进行了全面分析和评价	马媛等，2004
流域	采用多尺度分析手法，探讨景观格局对黄土丘陵和沟壑区水土流失过程的影响	王计平等，2011

这一时期对景观格局的研究相对全面和深入。这一阶段的中后期，出现了很多关于景观格局研究综述的文章。例如，陈利顶等（2013）对城市景观背景下的生态效应进行了回顾，分析了景观格局变化下的城市水热环境、生态服务及城市生态用地等研究进展，也指出了目前研究中存在的问题。张保华等（2007）对农业景观格局的研究进行了综述，认为农业景观格局的研究主要集中在格局的动态量化方面，在驱动力和生态环境效应等方面的研究则是案例较多，归纳总结和机制研究不足。尹锴等（2009）阐述了当代城市森林学研究的进展，指出了以下几个发展方面：景观尺度上的城市森林系统能量流动、物质循环等生态学过程研究；城市森林景观格局演变的社会驱动力研究；基于生态服务功能的城市森林规划研究等。

3. 景观格局研究方法

研究景观格局的成因及其生态学含义首先需要对景观格局进行量化（Turner，2005），目前，景观格局定量研究方法一般分为三种，即景观格局指数法、景观格局的模型分析法和景观动态模拟法（汪荣，2007）。

1)景观格局指数法

景观格局指数法是景观生态学最常用的研究方法,它采用景观指数描述景观格局及其变化(O'Neill et al., 1988)。通过景观指数描述分析景观格局,可以使空间数据获得一定的统计性质,也可以针对不同空间尺度和时间跨度的景观特征进行分析与比较,定量监测景观格局的变化(Turner and Gardner, 1991)。景观格局指数法一般分析包括三个水平,即斑块水平(patch level)、类型水平(class level)和景观水平(landscape level)。也有一些学者将描述景观格局的多项指数分为四大类(刘颂等,2009),如表1-3所示。

表1-3 常用景观格局指标分类

序号	分类	指标
1	破碎化指数	平均斑块面积、斑块数量、连接度、斑块离散度、聚集度等
2	边缘特征指数	斑块周长、边缘对比度、总边缘长度等
3	形状指数	形状指数、分维数等
4	多样性指数	Shannon 指数、Simpson 指数、景观均匀度等

手工计算景观格局常面临数据量大等困难,国内外景观格局指数法的研究一般借助一些计算机软件包来完成,常用的软件有 Spans、He、Lspa、Fragstats 等。其中,美国俄勒冈州立大学森林科学系开发的基于 GIS 平台的 Fragstats 程序包功能最强,应用最广。

采用景观格局指数法易于获得景观要素的空间特点,但是由于缺乏机理和尺度的结合,因此跳不出几何研究的范畴。景观格局指数法由于缺乏对生态过程的理解,单纯为格局指数分析,生态意义往往不明显。与生态过程结合、合适的景观格局指数选取、加入驱动因子分析是景观格局指数法深入研究的方向。

2)景观格局的模型分析法

景观格局的模型分析法是指采用数学模型对景观格局的一些特征进行描述和分析,如空间自相关分析、半方差分析、小波分析及分形理论等。景观格局的模型分析法往往偏重于景观格局的特定特征研究,通常不能反映整体景观格局的变化。

3)景观动态模拟法

景观动态模拟法简单来说是指研究景观格局的动态变化,其目的往往是对将来景观变化趋势的预测,常见的动态研究模型有马尔可夫、土地利用变化及效应模型(CLUE-S)、元胞自动机、灰色系统,以及它们之间相互结合的模型等。这些模型基于不同的研究基础,在景观格局分析中各有优劣。

4. 景观格局驱动力研究

地表景观格局一直处于变化之中，是各种驱动因子在不同时空尺度上作用的结果（王计平等，2011）。

国际上通常将驱动因子分为五大类（Bürgi et al.，2004）：①社会经济因子，如消费者需求、政府补贴等；②政策因子，如区域发展政策、工农业政策等；③科技因子，一般包括技术现代化、土地管理技术、信息技术等；④自然因子，一般包括气候变化、地形地貌、土壤特点、自然灾害等因子；⑤文化因子，一般包括生活方式、人口、生态意识、历史等。

国内通常将景观格局的驱动因子分为两大类：自然因子和人文因子。自然因子包括气温、降水、土壤、光照等；人文因子包括人口、政策、技术、文化等。

国际和国内对于景观格局驱动力研究以案例研究较多。例如，Jaimes 等（2010）对 1993～2000 年的墨西哥森林景观变化的驱动力进行了研究。史培军等（2000）运用逐步回归分析判定深圳市 1980～1994 年景观格局变化的主要驱动因子为外资投入、人口因素和第三产业发展。齐杨等（2013）对我国长三角地区和新疆地区 24 个中小城市进行了景观格局对比分析和驱动力研究。

目前，关于景观格局变化的驱动力研究多采用定性的叙述，缺乏认可的定量研究方法，同时由于驱动力的研究通常要跨学科收集和处理数据，从资料的限制性及多学科结合角度来讲，研究结果精度也有待于提高。一般认为，在景观格局的管理上，对驱动力的研究往往比单纯的景观格局分析更为重要，只有对景观格局变化的驱动力有了深入理解，才能实现对景观格局的控制和模拟。

1.2.3 生态系统服务研究进展

1. 国外生态系统服务的研究现状

为获取生态系统服务国外的研究现状，用"ScienceDirect"软件，采用"Title-Abstr-Key"搜索"Ecosystem Services"，汇总分析结果如图 1-3 所示。

2005 年以前，国外对生态系统服务的研究较少，学术文章数量增长缓慢。2005～2013 年关于生态系统服务的研究处于快速增长期，研究文献从 55 篇增至 791 篇。

结合相关文献，国外对生态系统服务的研究始于 20 世纪 70 年代。1970 年，联合国大学在《人类对全球环境的影响报告》中提出生态系统服务功能的概念（Wilson and Matthews，1970）。1977 年，Westman 提出了"自然的服务"概念及

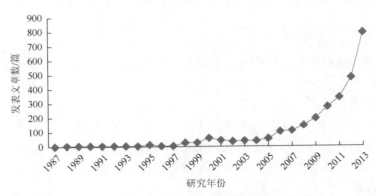

图 1-3　国外关于生态系统服务的研究文献数量

其价值评估问题。标志性的生态系统服务研究案例是 1997 年 Costanza 等在 *Nature* 上发表的 *The value of the world's ecosystem services and natural capital*，以及随后 2005 年千年生态系统评估工作组开展的生态系统与人类福祉的全球尺度研究。2005 年是国际学者研究的转折点，之后研究成果从理论到案例都迅速增加。Daily 等在 2009 年发表文章阐述了生态系统服务在政府决策中的作用。Jenkins 等在 2010 年对湿地恢复后的生态系统服务进行了案例评估。Schneider 等在 2012 年对城市化背景下农业带的生态系统服务供给变化进行了研究。Daily 和 Matson（2008）对生态系统服务的理论和应用进行了叙述。

自 21 世纪以来，国外对生态系统服务的研究集中在：生态系统服务之间权衡和集成方法研究；生态系统服务的形成机制和变化驱动机制研究；生态系统服务的空间制图研究（傅伯杰和于丹丹，2016）。

2. 国内生态系统服务的研究现状

为获取生态系统服务在国内的研究现状，借助中国知网用主题搜索"生态系统服务"，结果如图 1-4 所示。

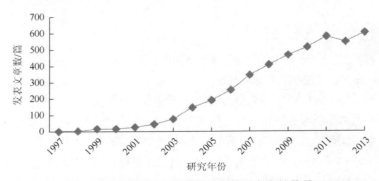

图 1-4　国内关于生态系统服务的研究文献数量

1998 年以前，国内有关生态系统服务的文献非常少，在 10 篇以下。1999～2002 年，受 Costanza 等文章的影响，我国学者在借鉴国外理论和案例的基础上开始对生态系统服务的简单理论和价值评定进行探索性研究。1999 年，我国学者薛达元和包浩生采用费用支出法、条件价值法等方法对长白山自然保护区生物多样性的价值进行了较为详细的分析和评价。自 2003 年之后，尤其是 2005 年 MA 对生态系统服务的介绍之后，生态系统服务的重要性和理论方法得到学术界广泛的接受与应用，我国学者开始从多个尺度（国家、流域、区域）和不同景观类型（森林、湿地等）开展生态服务价值的评估，如表 1-4 所示。

表 1-4　中国学者在不同尺度和景观类型对生态系统服务的研究情况

尺度或景观类型	研究内容	学者
国家	对我国陆地生态系统的 6 种生态服务价值进行评估，并得到了每年的经济价值量	欧阳志云等，1999
流域	对太湖流域重污染区 1999～2007 年的土地利用变化进行了分析，同时对区域生态系统服务价值进行计算	李冰等，2012
区域	对陕北长城沿线地区 14 年的土地利用变化进行分析，并计算了区域生态服务价值的变化	王晓峰等，2006
农田	从 4 个角度分析了农田生态系统服务的形成机制和研究现状	尹飞等，2006
河流	对城市河流生态系统服务进行了估价和偏差分析	杨凯和赵军，2005
湿地	对长湖湿地生态系统服务价值进行了评价	吴翠等，2008
森林	利用市场价值法、替代工程法等方法定量评价了 2003 年我国不同省份经济林生态系统的服务价值	王兵和鲁绍伟，2009

至 2013 年，我国生态系统服务研究几乎涵盖了我国所有的省份，研究对象包括森林、草地、海洋、农田、荒漠等。最近，国内的研究则集中于生态系统服务对土地利用/覆盖变化的响应。例如，蒋晶和田光进（2010）对北京 1988～2005 年土地利用变化下的生态系统服务价值变化进行了分析。

中国生态系统服务研究起步较晚，发展迅速，但距国际先进水平还有一定差距。具体表现在：生态系统服务价值的案例研究较多，而生态系统服务形成的生态过程和机理研究较少；对国外一些跟踪性分析比较多，国内原创性成果比较少；对生态系统服务自身的特征研究比较多，与经济、社会等共同作用的研究比较少（李双成等，2011）。另外，关于生态系统服务的管理研究也很少（李文华等，2009）。

3. 生态系统服务价值评估

目前，国内外关于生态系统服务的价值评估方法大致可以分为以下两类。
第一类是传统的市场评估方法，包括直接市场法、替代市场法、模拟市场法三种。直接市场法适用于有实际市场价值的生态系统产品和服务（如粮食、瓜果），可以以实际的市场价格作为生态系统服务的经济价值（Chee，2004；Spash，2000）；替代市场法是指市场上没有此类商品的直接价格，但有可替代的产品或者服务的价格（Pearce，1998；Randall et al.，2002）；模拟市场法是指对于没有市场交易价格的生态系统产品和服务，可以通过人为的构造市场来计算其生态系统服务价值，如进行支付意愿调查等。由于生态系统服务具有多样性，对其评估往往不采用单一的方法，而是综合采用多种方法进行评价和比较。上述方法的优劣势也比较明显，如图1-5所示（张振明和刘俊国，2011）。

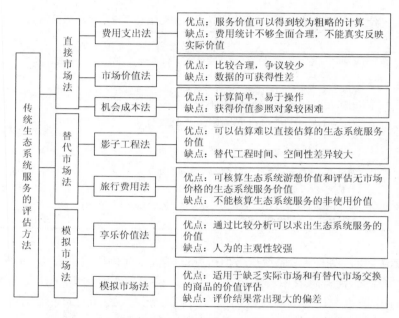

图1-5　传统生态系统服务价值评估方法的优劣势分析

第二类是模型法。自21世纪以来，随着环境的恶化，学科知识的积累，人们越发认识到生态系统评估的重要性，为了精确地对其量化和评价，一些新的评估模型不断涌现。其中，较有代表性的有以下几种。

第一，由美国斯坦福大学、世界自然基金会（World Wide Fund for Nature or World Wildlife Fund，WWF）和大自然保护协会（The Nature Conservancy，TNC）联合开发的用于生态系统服务价值评估的InVEST模型（integrated valuation of ecosystem services and tradeoffs）。InVEST模型是借助于GIS平台、土地利用变化等相关数据，量化生态系统服务的价值变化（Nelson et al.，2009）。InVEST模型基于机理和过程，能够对生态系统服务进行制图分析，其结果的科学性也得到了国际的广泛认可。另外，InVEST 模型可进行多尺度、多场景的生态系统服务研究（吴哲等，2013）。因此，在国内外生态系统服务价值评估中得到了广泛应用。

第二，美国佛蒙特大学开发的 ARIES 模型（artificial intelligence for ecosystem services）。ARIES 模型可对生态系统服务功能的"源""汇""使用者"（受益人）的空间位置和数量进行制图（Villa et al.，2009；Bagstad et al.，2011）。关于源汇的相关理论，我国科学家陈利顶等研究得比较多。ARIES 模型是一个基于案例的模型。起初，ARIES 模型只适用于其研究案例覆盖区域（如美国西部华盛顿地区、圣佩德罗河流域等地）的生态系统服务价值评估。ARIES 一般采用高分辨率的空间数据和详细的区域信息，而全球模型所采用的影像分辨率一般较低，且无法加入政策经济因子，这也是制约 ARIES 模型应用推广的原因。随着 ARIES 的全球模块开发完成，ARIES 模型可以用于全球范围内生态系统服务功能的评估，因此有着较好的应用前景。

第三，美国科罗拉多州立大学和美国地质勘探局合作开发的 SolVES 模型（social values for ecosystem services）。此模型可用来评估美学、休憩等文化生态系统服务价值，评估结果以非货币化价值指数表示（Brown and Brabyn，2012）。

第四，MIMES（multi-scale integrated models of ecosystem services）模型由美国著名教授 R. Costanza 及其科研团队开发研制的，用于模拟不同尺度不同生态系统的服务功能与价值。MIMES 模型通过模拟地球表层系统水文、生态、生物、物理、化学、人类活动等过程，研究生态系统服务的时空动态变化，估算不同生态系统服务的经济价值。当前 MIMES 模型的开发尚不成熟，还有很多模块正在研发之中。

目前，InVEST 相对比较成熟和完善，ARIES 模型依赖于全球化未开发完成的模块及高精度的影像数据。SolVES 模型仅针对生态系统服务的文化和社会价值进行评估。其他还有一些生态系统的评估模型，如应用于美国太平洋西北部的 Envision 模型、中国基于生态足迹的计算模型等，但对于它们的研究和应用较少。

4. 生态系统服务的尺度研究

尺度在景观生态学的研究中始终是一个热点和重点问题。当前对生态系统服务尺度的研究多集中在概念性的描述和简单分析上，罕见深入的应用研究。

一般认为，生态系统的服务依赖于不同时空尺度上的生态与地理作用过程，包括在生境水平上的个体物种竞争，到中尺度上的过程如火害、病害及虫害爆发，以及在更大的时空尺度上的气候和地质地貌过程。生态系统服务可以在所有尺度上产生，张宏锋等（2007）对此进行了描述和列表分析，如表 1-5 所示。

表 1-5　生态系统服务研究的尺度

生态系统服务类型	生态系统服务的来源	空间尺度
供给服务	多样的物种	局域、全球
气候调节	植被	局域、全球
空气净化	微生物、植物	局域、全球
授粉	昆虫、鸟类、哺乳动物	局域
水质净化	植被、土壤和水中微生物、水生无脊椎动物	局域、区域
废物分解	枯枝落叶层、土壤和水中微生物、土壤无脊椎动物	局域、区域
种子传播	蚂蚁、鸟类、哺乳动物	局域
美学、文化	所有生物	局域、全球

从表 1-5 可以看出，生态系统服务的尺度效应非常强，每种生态系统服务对应一定的尺度，并且很多生态系统服务对应的尺度相互交叉和重叠，导致它们之间也相互影响。E. M. Bennett 认为生态系统服务之间存在一定的对应关系，他们认为：①同一个驱动力，如人为因子，可以对多个生态系统服务起作用。这些作用可能是同向的，也可能是反向的。②生态系统服务之间可以彼此独立，也可以相互影响。这种影响可能是协同作用，也可能是抑制作用。③一种管理措施可以同时对多个生态系统服务起作用。这些作用可能都是同向的，也可能有同向和反向的。对生态系统服务进行管理，必须深入了解它们之间的作用机制。

我国学者一般将生态系统服务间的关系分为权衡和协同两种类型进行研究（李双成等，2013；戴尔阜等，2015）。

5. 生态系统服务的制图

生态系统服务研究的最终目的是实现生态系统服务的管理，即辅助决策者制定生态系统服务的保护措施，促进区域生态环境和经济协调发展。在政策制定时，决策者需要对生态系统服务的产生区域、流动区域、储存区域及生态系统服务的数量等信息进行精确的测度，即将生态系统服务以图形化的方式展示给决策者。生态系统服务制图是生态系统服务理论应用于实践的有力工具与关键环节。自 20 世纪 90 年代以来，生态系统服务制图研究的文献比较少，但文献增加速度很快。经文献查询，60%的关于生态系统服务制图的文章发表在 2007 年之后；关于生态系统服务制图的案例研究包括了全球尺度、国家尺度、城市尺度、保护区尺度等多个尺度。J. P. Schagner 等对生态系统服务制图的研究文献数量和研究区域进行了汇总，如图 1-6 和图 1-7 所示。

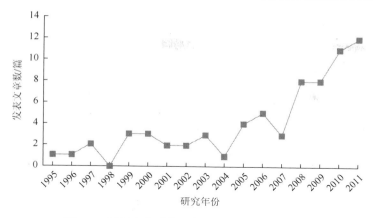

图 1-6 国际生态系统服务制图的研究文献分析

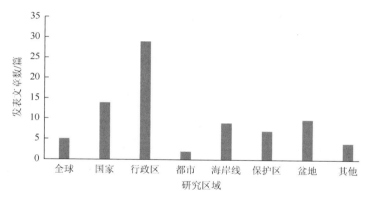

图 1-7 国际生态系统服务制图的研究区域文献分析

我国学者张立伟和傅伯杰（2014）在对国内外生态系统服务制图研究的基础上，整合相关制图理论和案例，提出了生态系统服务制图的流程，如图 1-8 所示。

该研究认为生态系统服务制图应进一步关注以下几个方面：尺度拓展和跨区域使用的评估方法与模型，生态系统服务制图的标准化和准确量化，生态系统服务权衡协同关系的空间制图表达，生态系统服务制图在辅助决策方面的应用等。

1.2.4 景观格局变化下的生态系统服务响应研究进展

景观变化下的生态系统服务研究在国内外已经有一些介绍，但总体文献数量较少。景观格局作为人类利用和改造环境的载体，其变化必然会引起许多自然过程和生态系统服务的变化。景观格局多从水平方向开展研究，而生态学多从垂直的角度入手（Naveh and Lieberman, 1990）。遥感和地理信息系统的学科发展，恰

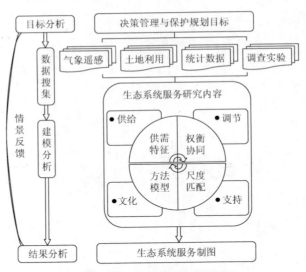

图 1-8　生态系统服务的制图流程

好为研究两者提供了平台。目前，国内外基本以 3S（遥感技术、地理信息系统、全球定位系统的统称）作为研究平台，结合景观生态学、地理、数学等多学科知识开展研究。

自国际地圈生物圈计划及国际全球环境变化人文因素计划共同提出《土地利用土地覆盖变化科学研究计划》以来，越来越多的学者从景观格局的角度出发研究生态系统服务变化。例如，Bronstert 等（2002）对景观格局变化下的水文效应进行了研究；Mdk 等（2013）对美国西部景观变化下的生态系统服务进行了研究；彭丽（2013）通过 1988 年、2000 年、2013 年的景观格局变化对三峡库区土壤侵蚀的生态系统服务进行了研究；巫涛等（2012）采用景观格局指数法对长沙市 1998~2011 年的城市绿地景观格局进行了分析，并对净化空气、涵养水源、维持生物多样性等多项价值进行了量化评估。

国内外对景观变化下的生态系统服务研究类型涉及城市、森林、城市绿地、湿地、荒漠、农田等景观；研究方法多借助 3S 技术平台，由定性转到定量研究阶段，再从定量的初级阶段——动态当量因子法转到涉及机理的数学模型方面；研究尺度已经从单一尺度转向多尺度分析。但景观背景下的生态系统服务研究依然存在以下不足。

（1）绝大多数研究都是先分析景观格局，然后进行生态系统服务定量，缺乏两者相关性的研究。

（2）景观格局变化可能会导致多种生态系统服务发生变化。但目前生态系统服务之间相互关系的研究一般限于两个时段，多时段的连续分析可以提高生态系统服务关系的准确性。

（3）景观格局变化下的多种生态系统服务变化的研究一般限于两种生态系统服务之间，多种生态系统服务间的关系研究仍然较少。

1.3 本书的研究内容和研究意义

1.3.1 研究内容

1. 景观格局变化研究

本书主要研究郑汴一体化的核心区域在快速城市化背景下的景观格局变化和变化动因。借助 GIS 平台对研究区 2000 年、2005 年、2010 年、2015 年的四期影像进行处理分析，分析研究区的景观格局变化，同时结合相关资料对引起景观格局变化的驱动力和驱动机制进行分析。

2. 生态系统服务变化研究

分析研究区域景观格局变化背景下的生态系统服务变化，为区域生态环境问题的解决提供参考依据。生态系统服务的变化研究是景观格局变化的落脚点。近年来，研究区的景观格局处于一个快速的变化期，其生态系统服务如何变化是区域可持续发展至关重要的问题。

3. 生态系统服务之间相互关系研究

由于景观的多功能性，景观格局的变化会引起多种生态系统服务的变化，要想了解如何对多种生态系统服务进行管理，必须对它们之间的相关性进行研究。

4. 景观格局和生态系统服务变化的响应关系研究

国内外相关案例大都是先分析研究区的景观格局变化，再分析其生态系统服务变化，缺乏两者之间具体的相关性研究。本研究借助生物学上物种与环境的相关理论，在 Canoco 4.5 的支持下，对两者之间的变化相关性进行分析，探讨生态系统服务对景观格局变化的响应关系。

1.3.2 研究意义

1. 理论意义

1）前沿和热点问题

采用文献分析法，对景观格局下的生态系统服务变化意义进行研究。国外文献检索采用 ScienceDirect，在"Title-Abstract-Key"中搜索"Landscape Pattern"和"Ecosystem Service"；国内文献在中国知网，采用主题搜索"景观格局"和"生态系统服务"，结果如图 1-9 和图 1-10 所示。

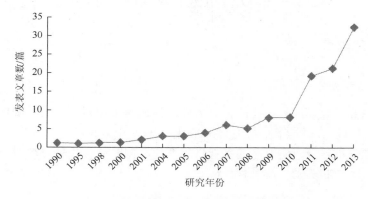

图 1-9　国外景观格局和生态系统服务相关文献

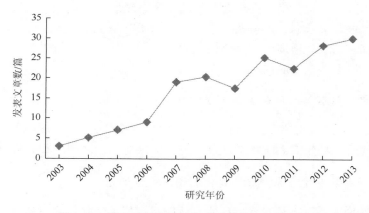

图 1-10　国内景观格局和生态系统服务相关文献

国外在 2000 年以前关于景观格局背景下的生态系统的研究很少，2010 年之后才开始迅速增加，但总量依然较少。国内关于景观格局背景下的生态系统服务的研究起步比较晚，大约在 2000 年以后开始研究，直到 2005 年之后，才有了快速发展。

从国际、国内研究文献上分析，景观格局和生态系统服务的研究文献总量偏少（理论前沿），但近些年有剧增趋势（研究热点）。从文献内容角度分析，大规模的城市用地蔓延已经成为地表景观格局变化的主要方式之一（陈述彭，1999）；同时地表景观格局在人类干扰下的变化已经成为生态环境遭到破坏的主要原因之一，也已成为世界各国高度关注的问题。因此，在目前全球变化背景下，该方向已经成为了学术研究的前沿和热点问题。

2）理论完善和创新问题

景观格局变化下的生态系统服务研究在国内和国际都属于学科研究的前沿问题，也是一个亟待成熟的理论。其中，生态系统服务对景观格局变化的响应问题研究，生态系统服务间的作用关系分析，以及对生态系统服务的管理研究，目前在国际上仍是一个不成熟的理论（Bennett et al.，2009）。如何在传统研究的基础上，对研究理论和方法进行整合，深入研究景观背景下的生态系统服务变化的过程和相互作用机理，优化生态系统服务的管理等，在当前全球环境恶化、生态系统服务退化的背景下，急需一个完善和成熟的方法（Kremen，2005）。

2. 实际意义

1）研究对象的代表性和典型性

郑汴一体化的核心区域是中国城市化发展的代表性区域。中国城市化区域发展有两个明显特征：一是位于城郊；二是政策对区域景观有强烈的干扰作用。研究区的区位和发展模式完全符合上述特征，因此对其研究具有广泛的代表意义。

研究对象和研究问题有着重要的典型性。首先，中国大多数城市化发展都是"摊大饼式"的发展，而郑州和开封沿着一条道路对接发展实属罕见。其次，研究区属于郑汴一体化的核心区域，它的发展不以行政边界作为发展范围，而以道路边界为范围进行规划发展，在城市化发展和景观生态学研究中也是一个典型案例。

2）研究对象的重要性和研究问题的亟待解决性

郑汴对接区域是中国城市化发展的重点区域。2011年，国务院颁发了《关于支持河南省加快建设中原经济区的指导意见》，标志着区域发展进入了国家战略层次。中原经济区以中原城市群作为战略发展重点，郑汴对接区域又是中原城市群发展的核心区域和增长极，落实国家政策是其当前最为紧迫的任务。因此，在国家大力推进城市化、城市群发展的背景下，郑汴对接区域景观格局变化背景下的生态系统服务研究，对国内城市化发展有着重要的前瞻和代表意义。

城市化能快速拉动我国经济增长，明显提升综合服务能力，但我国的城市化质量不高，"城市病"突出。目前，河南尤其是郑州快速发展的城市化已经对景观格局造成了不可逆转的改变，更重要的是导致很多人们长期以来赖以生存的生态系统服务退化。郑州也经常在全国十大污染城市中上榜，郑州和开封的环境问题日趋严重。研究区景观格局变化下的环境问题，已经成为区域政府和市民关注与亟待解决的问题。

综上分析，郑汴一体化的核心区域景观格局变化及生态系统服务响应，是中国城市化发展中的代表性和典型问题，有着显著的研究意义。

1.4 拟解决的关键科学问题

1. 景观变化背景下的生态系统服务响应问题

国内外对此问题的案例研究一般是先分析景观格局变化，再分析生态系统服务变化，缺乏两者之间具体的对应关系研究。生态系统服务对景观格局变化的响应方向和响应程度依然是学科研究的盲点。本研究尝试建立两者之间的对应关系。

2. 生态系统服务之间的相互关系研究

由于景观的多功能性，景观格局的变化必然会引起多种生态系统服务发生变化。这些生态系统服务之间是否存在一定的相关性？相关程度如何？如何在提高一种或多种生态系统服务的情况下，而不降低其他生态系统服务水平？如何通过景观和生态系统服务的管理手段实现双赢，甚至多赢？这些都是学科发展亟待解决的问题。

第 2 章 研究区概况

2.1 地理位置

研究区是郑汴一体化的核心区域,位于河南省郑州市和开封市的城市对接地段,郑州以东、开封以西,和郑汴产业带规划区域完全吻合。西起京港澳高速郑州段,东至开封市金明大道,北至连霍高速,南至 310 国道。地理位置为北纬 $34°72′\sim34°85′$,东经 $113°81′\sim114°30′$,总面积约为 $473.14km^2$,具体区域和范围如图 2-1 所示。

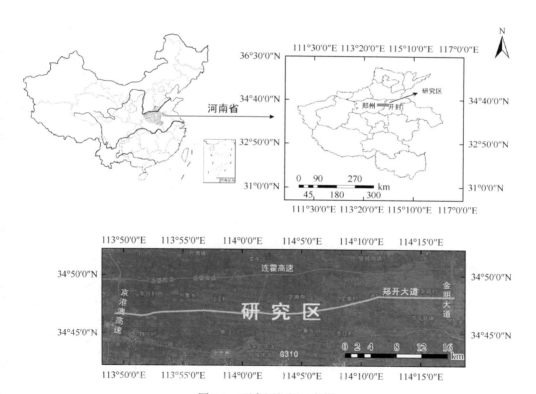

图 2-1 研究区位置及范围

2.2 研究区选择依据

2.2.1 研究区选择的代表性

目前中国正处于城市化的快速发展时期。一般城市化都是由城市引领周边区域快速发展，政策对城市化的影响大于城市化区域自然景观变化，其表现为大量农田、林地等迅速向城市建设用地转换。研究区是中国城市化进程的代表区域，位于郑州、开封城郊地带，受中原城市群等国家政策影响，也是郑汴一体化的核心区域。在短短的十几年间，研究区景观格局变化很大，区域的选择代表性明显。

2.2.2 研究区选择的典型性

研究区具有明显的典型性。首先，中国大多数城市化发展都是"摊大饼式"的发展，而研究区在郑州和开封之间，沿着一条道路（郑开大道）对接发展实属罕见；其次，研究区属于郑汴一体化的核心区，它的发展不以行政边界作为发展范围，而以道路边界为范围进行规划发展，并且研究区与郑汴产业带规划的区域吻合，在景观生态学研究中也是一个典型案例。

2.2.3 研究区选择的战略意义

国务院关于中原经济区的发展是以中原城市群为战略格局重点，而中原城市群建设主要以郑汴一体化的核心区域为关键点，培育其成为带动中原经济区高效发展的核心增长极。郑汴区域担负着郑州、开封经济共同发展、河南振兴、中原城市群深度整合的重大历史使命（蒋秋丽，2013）。研究区是郑汴一体化的核心区域，和郑汴产业带规划区域范围吻合，因此选择本区域进行研究，可以为区域政府政策的实施提供检验和决策参考，战略意义重大。

2.2.4 研究区亟待解决的实际问题

目前，中国快速城市化带来的环境问题非常显著，郑州也经常在全国十大污染城市中上榜，研究区周边环境问题是当地政府极其重视、当地居民已经直接面临的问题。目前城市化进程已经给当地环境带来了影响，但是具体影响程度如何，以及研究区哪些生态系统服务消失、被弱化等仍然是一个未知的问题。

2.3 自然地理概况

研究区位于郑州和开封之间,包括郑州东部的局部和开封西部的局部,范围以郑州市中牟县为主。

2.3.1 地形

研究区位于黄河下游冲积扇南翼之首,属于豫西丘陵向豫东平原过渡地带。地势平坦,北靠黄河,南接广袤的黄淮平原,地形几乎没有起伏,西部比东部略高,海拔为68~88m。

2.3.2 气象气候

研究区属于暖温带大陆性季风气候,气候温和,雨热同期,四季分明。年均降雨量约为616mm,降水年际变化与季节变化较大,6~8月的降水量达到335mm,占全年的一半以上。区域年平均日照2366h,累计积温4655℃。年平均气温14.2℃,最高气温在7月,达到27℃左右,最低气温在1月,为0℃左右。全年农耕期为309d,一般始于2月底,终于12月中旬。研究区的农作物生长期为217d。

研究区的自然灾害对农作物影响相对比较严重,以旱灾、风灾、水灾为主。根据气象资料记载,出现旱灾的频率为96%;暴雨约2.5年一遇,因连阴雨成灾约5.7年一遇;超过17m/s的大风每年约18次。

2.3.3 土壤和水文

研究区地势平坦,由于临近黄河,属于历史上的黄河泛滥故道,土壤沙化相对严重,沙地面积大,环境和生态系统较为脆弱。整个区域风多、沙多,呈现典型的黄泛平原特征,但经过研究区人民多年来的引黄淤灌、兴修水利、压沙治碱和防护林营造工程的建设,区域生态景观大为改变,已经成为区域粮食的主要产区。潮土是研究区的主要土类,包括3个潮土亚类。土壤肥力相对较低,土壤漏水漏肥,氮磷缺乏,而速效钾丰富。

研究区有一些季节性河流,包括贾鲁河、运粮河和马家河及一些灌溉渠道。区域外部引水灌溉的水源主要来自于黄河;区域内有一些用于水产养殖(鱼、蟹等)的水域及一些废弃的坑塘,零散地分布在村庄周边。

2.3.4 主要植被

研究区农作物主要有小麦（*Triticum aestivum*）、玉米（*Zea mays*）、花生（*Arachis hypogaea*）、棉花（*Anemone vitifolia*）；经济作物以西瓜（*Citrullus lanatus*）等为主。其中，西瓜、花生产量居河南之首，大蒜生产闻名全国。

研究区的原生地带性植被为暖温带落叶阔叶林，但目前原始植被几乎绝迹，现存植被以人工林为主，主要是杨树（*Populus tomentosa*）林，还有少量的刺槐（*Robinia pseudoacacia*）林、枣（*Ziziphus jujuba*）林等。

2.4 生态环境现状

在研究区快速城市化的进程中，由于缺乏景观生态理论和技术指导，研究区生态环境处于一个下降状态，具体表现在以下几个方面。

1）污染源增加

随着城市化进程的推进，污染源迅速增加，如郑汴产业带规划的一些工业的入驻，将会导致工业污染源的增加。而农田的大量减少、房地产的兴起也会导致生活污染源的增加。

2）水质变差

研究区内的河流水质如贾鲁河、运粮河等接纳了大部分的生活污水和工业废水，水质变差。

3）空气质量下降

在研究期初期查阅中牟县 2007 年的环境质量监测数据，区域的空气质量良好，达到《环境空气质量标准》中二级标准，但 2010 年之后，在区域整体大环境的影响下，研究区空气质量下降明显，雾霾天气经常出现。

研究区处于快速的城市化发展中，以农田为主的景观类型迅速向建设用地转化，尽管在研究区的相关规划中加入了绿地和水体的营造，但自然和半自然景观面积始终处于下降趋势，这也是研究区生态环境恶化的一个重要原因。

2.5 社会经济概况

研究区主要由郑州市的姚桥乡、莆田乡、白沙镇（原中牟县），中牟县的刘集镇、大孟镇、官渡镇，开封市的杏花营镇组成，但由于研究区以道路作为边界，故没有一个完整的乡镇。

研究区原以农业景观为主，区域工业和服务业发展水平较低，但随着近几年区域相关政策的影响，研究区已经有一些工业开始入驻；一些服务业如瓜果采摘、农家乐等沿郑开大道迅速发展；在研究区东西两端，由于靠近两个城市，一些近郊楼盘迅速开发。研究区利用紧邻三城（郑州、开封、中牟）的优势，开始了一些收费公园的建设，如绿博园和世纪欢乐园等。

第 3 章 研 究 方 法

本研究以郑汴对接区域为研究对象，主要研究区域生态系统服务与景观格局变化的响应关系。

3.1 基 本 方 法

3.1.1 资料搜集与野外调查相结合

通过中国知网、ScienceDirect 和 Springer 查阅国内外关于景观格局变化、生态系统服务、土地利用、环境变化、城市化的相关研究资料，了解国内外目前的研究现状，在丁圣彦所主持的国家自然科学基金项目"农业景观异质性对非农生物多样性和生态系统服务的影响研究"的支持下，确定研究问题和方向；从相关部门如国土资源部门、统计部门等收集研究区社会经济、政策、生态环境和土地利用变化等相关资料。

结合研究问题和方向，对研究区域进行多次实地探勘，明确研究区的景观状况，作为影像分类的基础。同时走访研究区群众，了解他们最关注的景观格局和生态系统服务的变化类型。

3.1.2 多学科理论方法相结合

景观格局变化和生态系统服务研究属于多学科交叉的前沿领域。其中，景观格局的动态变化及驱动力分析，生态系统服务价值的评估，景观格局和生态系统服务的对应关系等研究，涉及了自然学科和社会学科的多个交叉点。因此，本书在研究中采用了生态学、景观生态学、GIS、数理统计、经济学、地理学等多学科的理论与方法。

3.1.3 定量和半定量方法相结合

分析景观格局变化和生态系统服务评估以定量方法为主。对生态系统服务之间的相互关系分类，以及景观格局和生态系统服务的对应关系研究以半定量方法为主。

3.2 具体研究方法

3.2.1 数据的来源与处理

景观格局原始数据的获取主要是通过对不同时段的影像解译而获得，整个解译过程包括数据的选取、数据的裁剪和导入、景观要素的分类系统确立、影像的解译与后处理。

1）数据的选取

本书选取的影像数据为 2005 年、2010 年、2015 年研究区三个时段的谷歌影像数据，空间分辨率为 5m×5m；研究区 2000 年没有高清的谷歌影像数据，因此采用 Landsat-5 TM 遥感影像数据，空间分辨率为 30m×30m。

2）数据的裁剪和导入

对三个时段的数据进行矫正，利用研究区的边界矢量图对三个时段的影像数据进行裁剪，随后将各个时段的影像数据导入 ArcMap 10.0 中。

3）景观要素的分类系统确立

景观要素分类是景观格局变化分析的前提，本书在前期影像分类中将景观要素分为农田、居住用地、工业农副业用地、道路交通用地、林地、未利用地、坑塘和河渠 8 种类别，而后结合《土地利用现状分类》（GB/T 21010—2007）及研究目的，将研究区的景观要素分为农田、林地、建设用地、水域、未利用地 5 种。

4）影像的解译与后处理

在进行遥感影像解译之前，先将遥感信息与非遥感信息（土地利用图、现场调查资料等）进行室内判读和野外判读。室内判读是根据影像的颜色、明暗、斑块形状和纹理特征进行判读。野外判读是借助 GPS 定位，在野外选择研究区的典型地物对照影像进行识别，目的是增强室内判读的准确性和建立研究所需的遥感影像解译标准。但在实际操作中，受遥感影像的获取条件，如天气、季节等影响，影像的亮度、色彩、纹理均会有一定改变，而且这些差异都会影响到自动分类的准确度。因此，后期的目视解译必须进行多次野外校对，主要是为了降低"同谱异物"和"同物异谱"的误差。由于研究区数据的不完整性（土地利用图等），为保持数据的统一性，4 个时期均采用以目视解译为主的解译手段。具体建立的解译标准如表 3-1 所示。

表 3-1 研究区景观格局类型分类体系及影像判别特征

景观类型	含义	判别特征
农田	用于农作物及当地特有蔬菜瓜果的栽培	形状和内部斑块相对较规则，内部斑块以长方形为主，整体面积较大，被交通线和河区分割，颜色随时间和地物不同而变化，为淡青色、浅褐色、铁红色、浅灰色等
林地	生长有乔木、灌木或者草本的用地，包括林地、灌木林地、疏林地和其他林地	一般分布在村庄周边，主干道、河渠两侧，田间等。颜色以青绿色和墨绿色为主，内部纹理相对农田较大
建设用地	城乡居民点及以外的养殖业、工矿、交通等用地	形状较为规则，多为方形、长方形组合，纹理单一，多分布于交通线附近，颜色以红色、蓝色、灰色为主。红色以住宅较多，蓝色以工矿用地较多，灰色以新建住宅较多
水域	包括天然形成或人工开挖的水体，如河渠和坑塘	几何特征明显，河渠多以线状、窄带状，边界明显，多成为农田边缘分界线；坑塘多分布在村庄周边。颜色多为深蓝色、蓝色和深绿色
未利用地	目前还未利用的土地，包括难利用的土地及表面基本无植被覆盖的土地	多分布在村庄周边，以废弃地、裸地为主，形状不规则，颜色以白色较多，个别石砾地略带不规则纹理

目视解译的影像图完成后，结合野外 GPS 的调查定位，在 ArcMap 10.0 中对解译图像进行修改和校准，最终得到 2000 年、2005 年、2010 年和 2015 年 4 个时段的 Grid 格式数据，作为 Fragstats 4.2 软件进行景观格局分析的基础数据。

3.2.2 数据的精度评价

精度评价在于确定数据分类的准确程度。对分类结果进行精度评价是景观格局分析的真实性基础。

一般常用的精度评价方法是误差矩阵（error matrix）法，根据误差矩阵可以计算出各种精度统计值，然后采用 Kappa 系数进行分类精度评价。

Kappa 系数的计算公式为

$$K = \frac{N \times \sum_{i}^{r} x_{ii} - \sum(x_{i+} \times x_{+i})}{N^2 - \sum(x_{i+} \times x_{+i})} \quad (3\text{-}1)$$

式中，K 是 Kappa 系数；r 是误差矩阵的行数；x_{ii} 是 i 行 i 列（主对角线）上的值；x_{i+} 和 x_{+i} 分别是第 i 行的和与第 i 列的和；N 是样点总数。

K 一般分布在 $0\sim1$：$0.0 \leq K \leq 0.20$，表明分类结果一致性较低；$0.21 \leq K \leq 0.40$，表明分类结果具有一般一致性；$0.41 \leq K \leq 0.60$，表明分类结果具有中等一致性；$0.61 \leq K \leq 0.80$，表明分类结果具有高度一致性；$0.81 \leq K \leq 1$，表明分类结果几乎完全一致。

3.2.3 景观格局变化及驱动力分析

利用研究区 2000 年、2005 年、2010 年和 2015 年的遥感影像，以景观格局指数法为主，对研究区的景观格局进行量化，分析研究区内景观格局的时空变化特征。同时结合研究区的人文社会资料，引入人口空间化和 GDP 空间化的方法量化研究区人口和 GDP 指标，在此数据基础上对研究区景观格局变化的驱动力进行分析。

3.2.4 景观格局的动态预测

对传统的马尔可夫数学模型进行优化，并采用优化后的马尔可夫模型对研究区 2020 年的景观格局变化进行预测。传统的马尔可夫预测模型只考虑系统的起止期，没有考虑到景观格局变化过程中影响因子的变化（人文因子和自然因子的改变）。传统的预测条件在现实中很难得到满足，因为没有两个时期有共同的自然和社会条件。2020 年也是郑汴一体化政策实施的终期，采用优化后的马尔可夫数学模型对研究区 2020 年的景观格局变化进行更为准确的模拟，恰好为当地政策实施提供检验依据。

3.2.5 景观格局变化下的生态系统服务评价

在景观格局的变化下对研究区多个时段的调节服务（碳储量）、支持服务（生境质量）、文化服务（景观美学）、供给服务（小麦产量）进行定量研究。对调节服务和支持服务采用 InVEST 模型计算；对文化服务，采用 2015 年谢高地等第二次修正的动态当量因子法进行评价；至于供给服务，采用产量代替价格的方法来计量生态系统服务，避免了价格的波动性。

3.2.6 生态系统服务之间的关系研究

在生态系统服务评价的基础上，加强对生态系统服务的过程和机理研究，同时对生态系统服务的相互作用关系进行重新分类，随后采用生态系统服务动态当量因子法和 InVEST 模型等方法对研究区多种不同生态系统服务进行案例对比研究，探讨生态系统服务之间的关系和作用机理。

3.2.7 景观格局与生态系统服务的对应关系研究

本研究引入生物学上物种和环境的分析理念，在景观格局和生态系统服务量化的基础上，借助 Canoco 4.5 平台对景观格局和生态系统服务的对应关系进行了分析。

3.3 技术路线

本研究的技术路线如图 3-1 所示。

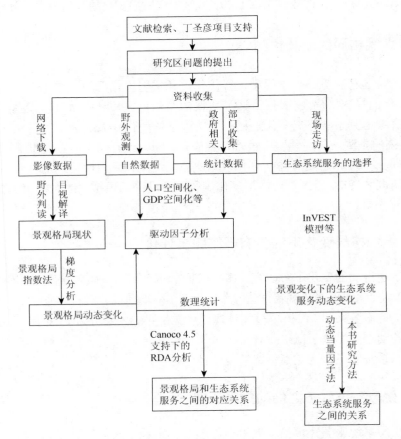

图 3-1 技术路线简图

第 4 章 景观格局动态变化

4.1 景观要素分类与制图分析

根据土地利用类型图和野外 GPS 的调查位点，结合 ArcMap 10.0 的 Spatial Statistics 工具对研究区 2000 年、2005 年、2010 年和 2015 年的图像进行精度检验，结果如表 4-1 所示。

表 4-1 4 个研究期图像的分类精度检验

精度评价	2000 年	2005 年	2010 年	2015 年
Kappa 系数	0.77	0.81	0.82	0.85

Kappa 系数对 4 个时期数据的分类精度值都在 0.80 左右，表明分类结果具有高度一致性，能够满足本研究分析要求。

4.1.1 景观要素分类

在数据预处理的基础上，利用 GIS 平台对研究区 4 个时期的景观格局进行分类制图。根据相关研究（龚明劼等，2009；骆继花等，2015），对成图的比例尺和精度进行设定：以 5m 的空间分辨率为精度的成图比例尺最好为（1∶5 万）～（1∶10 万）；以 20m 的空间分辨率为精度的成图比例尺最好为（1∶10 万）～（1∶25 万）。具体制图如图 4-1 所示。

2000 年的影像数据以 30m×30m 的 Landsat-5 TM 遥感影像为基础进行土地利用类型分类，分为农田、森林、建设用地、水域和草地。2005～2015 年的影像数据以 5m×5m 的谷歌影像为基础进行土地利用类型分类，分为农田、森林、建设用地、未利用地和水域。

4.1.2 景观动态变化特征

在 ArcMap 10.0 中对 4 个研究期不同景观类型的面积进行统计，结果如表 4-2 所示。

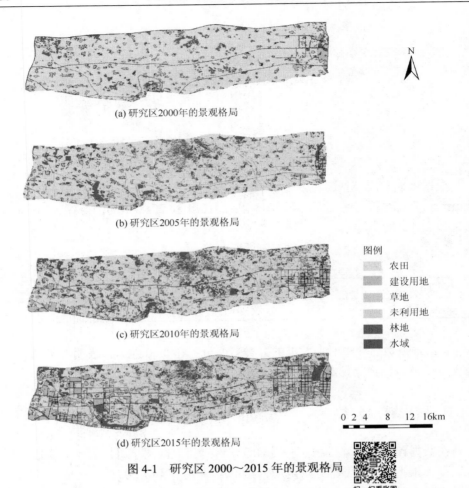

图 4-1　研究区 2000～2015 年的景观格局

表 4-2　4 个研究期的景观要素面积统计

景观类型	不同年份景观类型面积/hm²			
	2000	2005	2010	2015
草地	6	0	0	0
未利用地	0	590	565	301
农田	38 632	37 153	31 688	28 264
林地	1 575	3 216	5 873	4 730
建设用地	5 138	4 329	6 730	11 200
水域	1 663	1 725	2 157	2 518
合计	47 013	47 013	47 013	47 013

（1）草地斑块在研究区消失。2000年大尺度的影像解译中尚能发现草地斑块，2005年、2010年和2015年中已经没有草地斑块。这表明，随着时间的发展，研究区的景观要素类型逐渐减少。

（2）2000年大尺度的影像中没有发现未利用地。经对比分析，未利用地并非没有，一方面，由于未利用地几乎是呈点状分布在村庄周边、面积较小，在2000年30m×30m的分辨率下较难选出；另一方面，2000年规划尚未开始，也没有大面积拆迁的废弃地。结合2005年的影像，2000年的建设用地面积与2005年的建设用地和未利用地的面积之和基本吻合，对此也是一个佐证。

（3）研究区整体以农业景观为主，从2000年占总面积的82.17%到2015年的60.12%，虽然农田斑块面积下降了约22%，但农田依然是研究区的优势景观要素；研究区的建设用地面积翻了一番，主要表现为交通用地和居住用地的增加。随着土地利用强度的加大，未利用地的面积持续减小。

4.1.3　景观变化热点区域分析

采用ArcMap 10.0中的面积转移矩阵对研究区三个时期内的景观变化面积进行分析，以公顷（hm²）为面积变化单位，将面积变化为0~100hm²的区域以深绿色显示，面积变化为101~500hm²的区域以浅绿色显示，面积变化为501~2000hm²的区域以橙色显示，面积变化为2001~7000hm²的以红色显示。对2000~2005年、2005~2010年、2010~2015年及2000~2015年4个时段面积变化区域制图，如图4-2所示。

研究区2000~2005年景观变化的热点区域主要以两大块集中分布为主，其他多为点状零星分布。第一块区域位于研究区的西南方向，此处的景观格局出现大的变化，主要原因是郑州市迁村并点的影响。第二块区域出现在研究区的中南位置，主要集中在中牟县的大孟镇和官渡镇，官渡镇和大孟镇也是本时期中牟县植树造林的重点区域。

研究区2005~2010年的景观变化热点大致形成的集中区域有沿商都大道（研究区的南边界）的西段（郑州方向），研究区中部和研究区东部偏南区域（靠开封方向）及郑开大道。商都大道是连接郑州和开封的主要道路之一，也是郑州和中牟县城连接的主干道，受这两个因素的影响，外加郑州较强的辐射能力，商都大道（310国道）西段景观格局变化也较快。研究区中部是郑汴产业带规划的重点组团官渡组团的位置，景观格局受此影响变化较快。而研究区东部中央偏南区域（靠开封方向），是开封市规划的重点工业园区，同时郑开城际轻轨的开封选址也在本区域，以上两个因素是本区域景观变化的主要驱动力。郑开大道也是本时期出现的，是研究区发展的主轴线，其通车对周边景观的变化影响巨大。

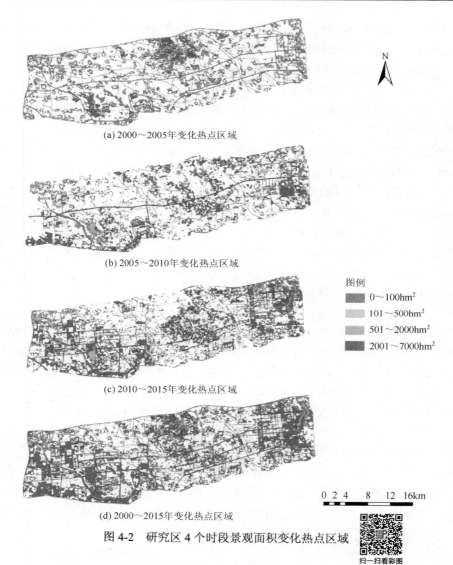

(a) 2000~2005年变化热点区域

(b) 2005~2010年变化热点区域

图例
- 0~100hm²
- 101~500hm²
- 501~2000hm²
- 2001~7000hm²

(c) 2010~2015年变化热点区域

(d) 2000~2015年变化热点区域

图 4-2　研究区 4 个时段景观面积变化热点区域

研究区 2010~2015 年的景观变化热点区域已经形成三个明显区域，即研究区西段偏南部、研究区中段、研究区东段靠近开封区域。这一时期的规划已经成型，景观变化热点区域基本是《郑汴一体化规划》中的三个组团。研究区的西段属于白沙组团，但由于郑州市和中牟县城之间商都大道（研究区南边界）的影响，此区域偏南景观变化也较大；研究区中段属于官渡组团；研究区东段靠近开封区域一是受白沙组团的影响，二是受汴西新区规划的影响（主要是房地产开发和汴西教育园区），导致景观格局变化幅度较大。

研究区 2000~2005 年景观格局变化热点区域的形成基本上是受郑汴一体化

第 4 章 景观格局动态变化

三大组团（白沙组团、官渡组团和汴西新区组团）的影响，以及郑东新区和郑汴新区的影响。政策对研究区景观格局变化的影响巨大。

对照图 4-3（引用《郑汴产业带规划》的图）进行对比分析如下。

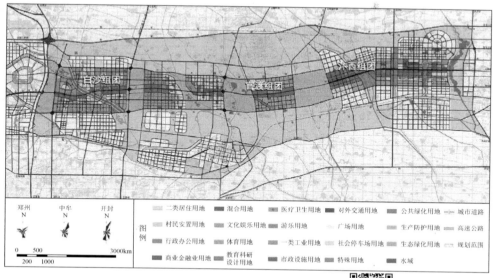

图 4-3　郑汴一体化核心区域规划图

扫一扫看彩图

研究区范围和郑汴产业带规划区域重合，是郑汴一体化的核心区域。郑汴产业带以郑开大道、郑开轻轨和其他交通通道（连霍高速、310 国道等）所构成的交通轴为依托，由郑州到开封规划了三大组团（白沙组团、官渡组团和汴西新区组团）。

白沙组团：位于研究区西侧，规划结合郑东新区中央商务区（CBD）和高校园区，主要布局教育业、高新技术产业等。

官渡组团：位于研究区中部，南部对应中牟县县城，规划以制造业、农产品加工业和区域相关的文化旅游业为主。

汴西新区组团：结合开封市的汴西新区规划，在开封市西区形成新城区，规划开封市相关行政机关、金融团体等的入驻。

4.2　景观格局指数的选择和研究尺度的确定

4.2.1　景观格局指数的选择

景观格局指数种类较多，有一些景观格局指数代表的意义相互重合。因此，所选取的景观格局指数必须满足彼此相互独立,又能反映不同的景观格局内容的要求。本研究采用齐伟等的方法,对常见的17种景观格局指数进行主成分分析,具体结果如表4-3所示。

表4-3 常见景观格局指数的主成分分析

主成分	景观格局指数
第一主成分	香农多样性指数、香农均匀度指数、景观邻接相似比、景观蔓延度指数、形状指数
第二主成分	最大斑块指数、景观分离指数、景观凝聚度指数、景观分离度指数
第三主成分	斑块个数、斑块平均面积、周长面积比、景观邻近度指数、斑块密度
第四主成分	斑块边界长度、景观形状指数
第五主成分	周长面积分维数

由表4-3可知,每一类主成分都由若干相关的景观格局指数构成。根据主成分分析的数学意义,每一类主成分之间都是相互独立的。在对景观格局指数的选取中,每类选一个,这样就避免了景观格局指数意义重合的问题,同时也满足了在尽可能少的指标中选取代表性最多的景观格局指数的要求。

在参考有关文献(徐丽华等,2007)的基础上,确定用以下5个景观指数对郑汴对接区域景观格局进行定量描述:斑块个数(NP)、斑块边界长度(TE)、最大斑块指数(LPI)、香农多样性指数(SHDI)、周长面积分维数(PAFRAC)。这5个景观格局指数满足彼此相互独立,又能反映不同的景观格局内容的要求。它们的景观生态学意义如下。

1)NP

范围:$NP \geqslant 1$,NP在景观水平上表示所有斑块总数;在类型水平上表示一类斑块的个数。NP的值和景观的破碎度联系较大,NP大,表明景观破碎化程度高;NP小,表明景观破碎化程度低。因为生态过程的尺度性和边缘效应等,NP可以对景观中的物种种类和分布产生影响。另外,NP对景观中各种干扰的蔓延程度有重要的影响,如景观中的火灾和虫灾等,如果NP比较大,斑块分布比较分散的话,就能对这类干扰起到明显的抑制作用。

2)TE

TE为景观中所有斑块的边界总长度。范围:$TE \geqslant 1$,在类型级别上等于每一种景观类型的边界总长度,在景观级别上等于所有斑块的边界总长度。一般情况下,在景观面积不变的情况下,TE的大小与景观破碎化和受干扰程度关系密切。

3)LPI

$$LPI = \frac{\max(a_i)}{A} \times 100 \qquad (4-1)$$

式中，$\max(a_i)$ 是某一类型中最大斑块的面积；A 是景观总面积。

LPI 在类别水平上等于最大斑块面积与此类景观的面积比值；在景观水平上，LPI 反映了研究区某一斑块类型中最大斑块面积与整个景观面积的比值。LPI 的取值范围为：$0 < \text{LPI} \leqslant 100$，LPI 的高低可以用来判断景观中的优势景观类型或者景观的基质；其值的动态变化反映了景观受干扰程度的大小。

4) SHDI

$$\text{SHDI} = -\sum_{1}^{m}(p_i \ln p_i) \tag{4-2}$$

式中，p_i 是景观斑块类型 i 所占据的面积比率；m 是景观中斑块类型的个数。

SHDI 的取值范围为：$\text{SHDI} \geqslant 0$。SHDI 增大，表明研究区景观类型数目增加或者不同景观类型的分布趋向于均质化。当 SHDI=0 时，表明研究区景观类型单一，只有一种景观类型且整个景观仅由一个斑块构成；SHDI 反映了景观的异质性，突出稀有斑块或稀有景观类型的贡献，如果在一个研究区，景观类型越多，破碎化越高，SHDI 就越高。

5) PAFRAC

$$\text{PAFRAC} = \frac{\left[n_i \sum_{j=1}^{n}(\ln p_{ij} - \ln a_{ij}) \right]^2 - \left[\left(\sum_{j=1}^{n} \ln p_{ij}\right)\left(\sum_{j=1}^{n} \ln a_{ij}\right) \right]}{\left(n_i \sum_{j=1}^{n} \ln p_{ij}^2 \right) - \left(\sum_{j=1}^{n} \ln p_{ij} \right)} \tag{4-3}$$

式中，n 是斑块总个数；n_i 是斑块类型 i 的数目；a_{ij} 是第 i 类景观类型中第 j 个斑块的面积；p_{ij} 是第 i 类景观类型中第 j 个斑块的周长。

PAFRAC 反映了景观斑块的复杂性。PAFRAC 取值范围为：$1 \leqslant \text{PAFRAC} \leqslant 2$。当 PAFRAC 接近 1 时，说明斑块形状的规律性增强，反映斑块受人为干扰较大；PAFRAC 接近 2 时，说明斑块形状趋向复杂化，反映斑块受人为干扰程度较小。PAFRAC 接近 1.5 时，说明该景观类型处于不稳定的状态。

4.2.2 研究尺度的确定

景观格局与过程是生态学的基本范式，而要正确理解格局与过程的关系必须理解其所依赖的空间尺度，即正确把握现象发生的尺度。本书在研究景观格局变化中，采用粒度变化结合空间自相关分析的方法来确定研究区最适合的景观格局尺度。

1. 粒度

景观格局与过程具有尺度依赖性，只有在合适的尺度上对景观格局进行研究分析，才能把握其内在的演变规律。尺度选择过大，往往造成大量细小信息被遗漏；尺度选择过小，就会使研究陷入局部问题，忽略总体规律。

本研究以 5m 的粒度为基础数据，以研究区 2005 年为例，采用 GIS 重采样的方法对 2005 年的景观格局图进行聚合，得到研究区 2005 年 5m、10m、20m、40m（40m×40m）、60m、80m、100m、120m、140m、160m、180m、200m 12 张测试粒度的景观格局数据。然后在 Fragstats4.2 平台下，对 12 张不同尺度的景观格局图分别计算 NP、LPI、TE、PAFRAC 和 SHDI。然后制图，如图 4-4～图 4-8 所示。

如图 4-4 所示，NP 在 5m 和 10m 的粒度区间变化不明显，即 NP 在 5m 和 10m 的景观尺度效应不明显。随着粒度的增加，10～20m 的 NP 有不规则的小幅度增大，20～200m 的 NP 逐渐减小，即 NP 在 20～200m 对尺度的变化比较敏感，并且有规律性，说明 20～200m 为其特征尺度。因此，NP 的选择尺度应该为 20～200m。

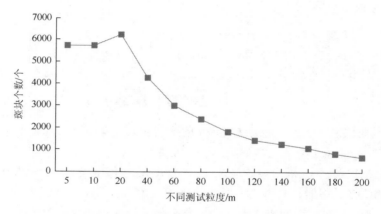

图 4-4　研究区 2005 年不同尺度的 NP 变化分析

如图 4-5 所示，LPI 在 5～10m 和 40～200m 的粒度时变化不明显，即无明显尺度效应。而 LPI 在 10～40m 时变化比较明显，即 10～40m 为其特征尺度。因此，LPI 的选择尺度应该为 10～40m。

如图 4-6 所示，TE 在 5～10m 粒度时变化不明显，即无明显尺度效应。而 TE 在 10～200m 粒度时变化比较明显，即 10～200m 为其特征尺度。因此，对 TE 的选择尺度应该为 10～200m。

如图 4-7 所示，PAFRAC 在 5～10m 粒度时没有明显变化，即无明显尺度效应。在 10～200m 粒度时有相对敏感的变化，随着粒度的增加而增加，故将其特征尺度选为 10～200m。

第 4 章 景观格局动态变化

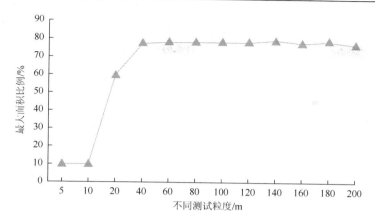

图 4-5　研究区 2005 年不同尺度的 LPI 变化分析

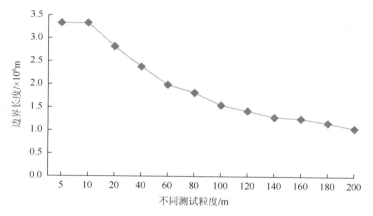

图 4-6　研究区 2005 年不同尺度的 TE 变化分析

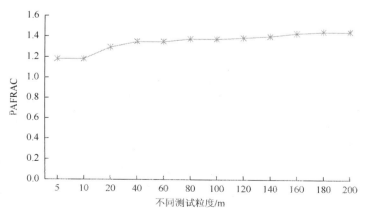

图 4-7　研究区 2005 年不同尺度的 PAFRAC 变化分析

SHDI 为香农多样性指数,其值对粒度变化不敏感,在 5～200m 粒度时均无明显变化(图 4-8)。

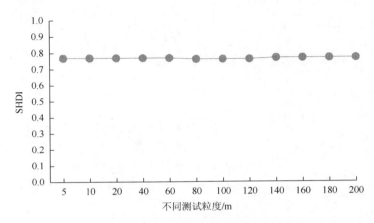

图 4-8 研究区 2005 年不同尺度的 SHDI 变化分析

综上,NP 的特征尺度为 20～200m；LPI 的特征尺度为 10～40m；TE 的特征尺度为 10～200m；PAFRAC 的特征尺度为 10～200m；SHDI 对尺度变化不明显,即 5～200m 均可进行研究。

对 5 种景观格局因子进行综合分析,取其共同的特征尺度为 20～40m。

2. 尺度的空间自相关分析

在地理学相关学科中,一个很重要的问题就是数据之间广泛存在着空间自相关。对空间自相关的判定,通常采用 Moran's I、Geary's C、Getis 进行分析。本书以 Moran's I 为例进行分析,Moran's I (I) 的具体计算公式如下。

$$I = \frac{n\sum_{i=1}^{n}\sum_{j=1}^{n}w_{ij}(x_i-\bar{x})(x_j-\bar{x})}{\sum_{i=1}^{n}\sum_{j=1}^{n}w_{ij}(x_i-\bar{x})^2} \quad (4\text{-}4)$$

式中,n 是空间单元总数；x_i 和 x_j 分别是景观要素在相邻空间单元(或栅格)的取值；$\bar{x}$ 是变量的平均值；w_{ij} 是邻接权重,当空间单元 i 与 j 相邻时,取 $w_{ij}=1$,当空间单元 i 与 j 不相邻时,取 $w_{ij}=0$。

一般情况下,$-1 \leqslant$ Moran's I $\leqslant 1$。当 Moran's I 大于 0 时,表示各单元间存在空间正相关,单元内的观察值有趋同趋势；当 Moran's I 小于 0 时,表示各单元间存在负相关,单元内的观察值有不同的趋势；当 Moran's I 等于 0 时,表示不相关,属于独立随机分布。

将不同的景观类型赋予不同的编号,以 2005 年为例,对 12 个不同的景观格局测试尺度进行空间自相关分析。结果 P 值均为 0.00，即 P 值小于 0.05，因此研究结果具有科学性；Z 值均大于 1.96，表示研究对象具有较为显著的相关性，即范围内空间单元具有彼此的空间自相关性。随后进行制图分析，如图 4-9 所示。

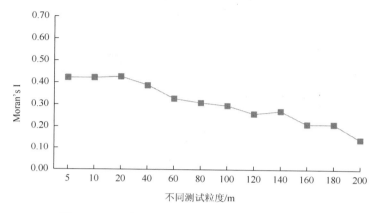

图 4-9　2005 年不同粒度下的景观空间自相关分析

当粒度在 5～20m 时，研究区的景观格局的空间自相关保持一个较稳定的状态。其原因在于当粒度较小时，原有景观斑块被分割成若干相同类型的多个斑块，因此斑块类型在邻近范围内往往会表现出很高的相似性。

当粒度在 20～200m 时，研究区的景观格局的空间自相关保持一个下降的趋势，即逐步不再自相关。因为当粒度逐渐增大时，相邻且相同的景观逐渐合并，相邻景观的相似性减小，趋向不相关。

因此，研究区 20m 的粒度为景观空间自相关的特征尺度。

3. 研究区景观格局尺度的确定

结合上述 5 种景观格局指数的最佳研究尺度（20～40m），而 20m 的粒度水平为景观空间自相关性的特征尺度，因此综合两者可以判定，20m×20m 粒度为研究区景观格局的最佳研究尺度。对随后的景观格局尺度分析，都采用 20m×20m 粒度为基础数据源。按重采样方法，将研究区 2005 年、2010 年和 2015 年三个时期 5m×5m 的数据采用 ArcGis 重采样的方法转化为 20m×20m 的粒度进行研究分析。

因为 2000 年研究区的景观格局尺度为 30m×30m，重采样为 20m×20m 的尺度会丧失其景观格局研究的准确性，故 2000 年的景观格局研究数据仅作为基础数据，不进行对比分析。

4.3 景观格局指数分析

4.3.1 景观水平

在景观水平上以 20m×20m 的分辨率对 2005 年、2010 年及 2015 年的 5 种景观格局指数（NP、LPI、TE、PAFRAC 和 SHDI）进行分析，结果如图 4-10～图 4-14 所示。

NP 在整个时间段（2005～2015 年），整体变化趋势为增加状态，2010 年有小的起伏。在研究区总面积不变的情况下，NP 的大小直接反映了景观破碎化程度。即 2005～2015 年，景观破碎化程度增大，增大幅度为 32.38%。结合研究区的实际情况，研究区的相关规划实施从 2006 年开始，随着区域规划的实施，研究区景观破碎化程度增大，如图 4-10 所示。

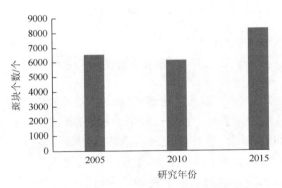

图 4-10 研究区三个时期 NP 变化分析

LPI 在 2005～2015 年持续降低，即最大斑块面积逐渐降低，表明优势景观类型的面积减少，同时表明优势景观类型遭到景观破碎化的干扰，研究区的优势景观类型是农田，即农田的最大斑块面积持续降低，如图 4-11 所示。

TE 在 2005～2015 年持续增加，表明了景观破碎化程度的增加或者是景观形状复杂化的增大。结合 NP 在 2005～2010 年的下降，说明 2005～2010 年以景观边界复杂化增大为主要原因，而在 2010～2015 年增大，说明这一时期以景观破碎化为主要原因，如图 4-12 所示。

PAFRAC 为 1.28～1.30，总体变化不大。相对比较接近于 1，说明景观斑块形状相对比较有规律，即受人为影响较大，即研究区 2005～2015 年整体景观格局受人为影响较大。2005～2010 年的 PAFRAC 由 1.29 降为 1.28，而 2010～2015 年的 PAFRAC 从 1.28 变为 1.30，说明 2005～2010 年的人为干扰对景观格局的影响相对 2010～2015 年较大，如图 4-13 所示。

第 4 章 景观格局动态变化

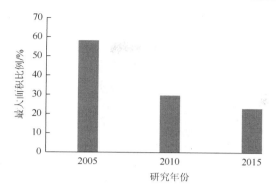

图 4-11 研究区三个时期 LPI 变化分析

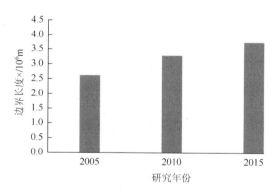

图 4-12 研究区三个时期 TE 变化分析

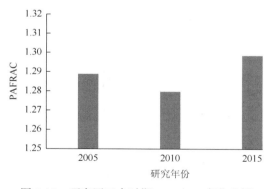

图 4-13 研究区三个时期 PAFRAC 变化分析

SHDI 在 2005~2015 年持续增大，在没有新景观类型增加的情况下，表明景观类型的分布趋向均质化（图 4-14）。

从景观水平对研究区 2005 年、2010 年、2015 年三个时期的景观格局进行分析，有以下三个结论。

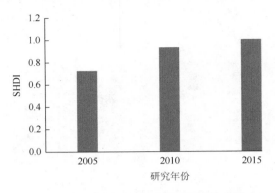

图 4-14 研究区三个时期 SHDI 变化分析

(1) 2005～2015 年，整体景观破碎化程度增大。从斑块数量变化角度分析，整个研究期间，景观破碎化增大幅度为 32.38%。

(2) 2005～2015 年，优势景观面积不断降低，表明破碎化对优势景观类型影响较大；同时，景观类型的分布趋向均质化。

(3) 2005～2015 年，整个区域景观格局变化受人为影响为主，2005～2010 年的人为影响稍大。2005～2010 年的景观格局变化体现在景观斑块形状复杂化的加大；而 2010～2015 年的景观格局变化则以景观破碎化为主导。

4.3.2 类型水平

从类型水平上分析，可以得到研究期各个时间段不同景观要素的景观格局变化情况。由于类型水平没有 SHDI，采用 PLAND 来协助分析。PLAND 表示某一种景观类型占景观总面积的比例，单位为百分比，其值为 $0 < \text{PLAND} \leqslant 100\%$。PLAND 增加，说明景观中此斑块类型的面积逐渐增加；其值等于 100% 时，说明整个景观只有一种景观类型。

1. 水域

采用 5 种景观格局指数对研究区三个时期的水域进行分析，结果如图 4-15～图 4-19 所示。

(1) 水域在整个研究区不属于优势的景观要素，2005～2015 年所占的面积百分比都很低，从 3.67% 升到 5.36%。

(2) 2005～2015 年，水域的总面积和平均面积都逐渐增大，但是斑块个数逐渐降低。究其原因是人工水面的增加和农村零散坑塘的消失。另外，研究区的水系连通工程对研究区水域最大面积产生了较大影响。

第 4 章　景观格局动态变化

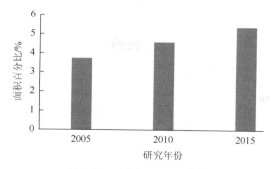

图 4-15　水域 PLAND 分析

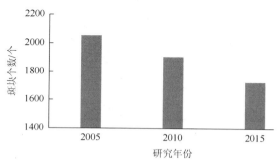

图 4-16　水域 NP 分析

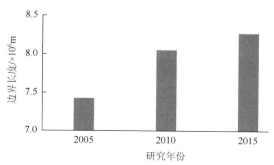

图 4-17　水域 TE 分析

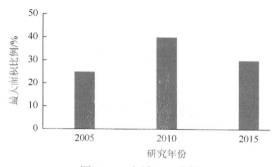

图 4-18　水域 LPI 分析

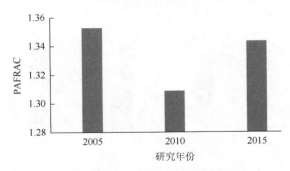

图 4-19 水域 PAFRAC 分析

（3）2005～2015 年，水域景观要素变化受人为影响比较大，其中 2005～2010 年更为明显。水域边界长度也逐渐增加，但 2005～2010 年水域边界的复杂化程度高于 2010～2015 年。

2. 农田

采用 5 种景观格局指数对研究区三个时期的农田进行分析，结果如图 4-20～图 4-24 所示。

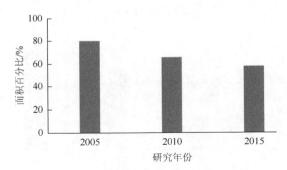

图 4-20 农田 PLAND 分析

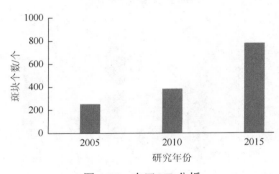

图 4-21 农田 NP 分析

第 4 章 景观格局动态变化 ·45·

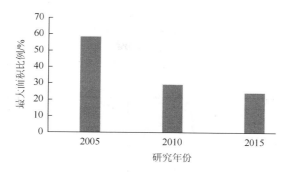

图 4-22 农田 LPI 分析

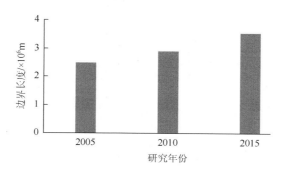

图 4-23 农田 TE 分析

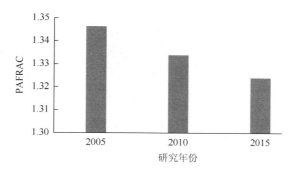

图 4-24 农田 PAFRAC 分析

（1）农田在整个研究区属于优势景观要素，虽然面积逐年降低，从 2005 年占研究区总面积的 79.03%下降到 2015 年的 60.12%，但是农田面积在整个研究期始终处于优势。

（2）2005～2015 年，在农田面积降低的情况下，斑块个数却逐渐增加，表明农田斑块破碎化程度严重，2010～2015 年更加明显，但其间农田的边界复杂化程度降低。农田的破碎化部分发生在最大斑块上，导致农田最大斑块面积降低。

（3）2005～2015 年，农田景观格局变化受人为影响比较大，且人为影响逐渐增强。

3. 林地

采用 5 种景观格局指数对研究区三个时期的林地进行分析，结果如图 4-25～图 4-29 所示。

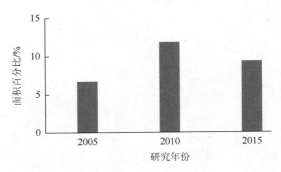

图 4-25　林地 PLAND 分析

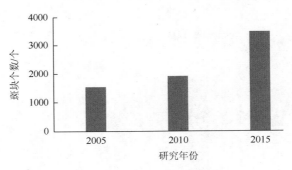

图 4-26　林地 NP 分析

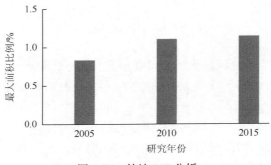

图 4-27　林地 LPI 分析

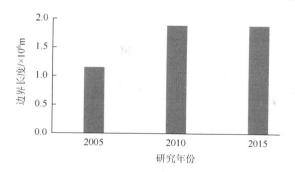

图 4-28　林地 TE 分析

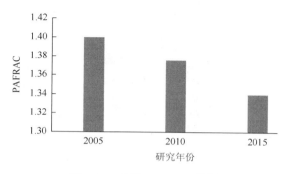

图 4-29　林地 PAFRAC 分析

（1）林地不是研究区的优势景观要素，但是也占据一定的面积比例（6.84%～12.49%）。林地的面积先增加后降低，在 2010 年最高，为 12.49%，2015 年降低为 10.06%。

（2）2005～2015 年，林地的斑块个数逐渐增加。2010～2015 年，林地景观破碎化比较显著，但此时期林地边界复杂化程度降低，最大斑块面积受破碎化影响较小。

（3）整个研究期间，林地的形状相对规整，以受人为影响为主，且人为影响逐渐加大。林地属于研究区面积快速增加的景观要素，主要表现在行道树和隔离带的增加（郑开大道、郑开轻轨沿线）及一些公园（绿博园、世纪欢乐园）和公共绿地（汴西湖周边等）的建设。

4. 建设用地

采用 5 种景观格局指数对研究区三个时期的建设用地进行分析，结果如图 4-30～图 4-34 所示。

（1）2005～2015 年，建设用地在研究区属于次优势的景观要素（9.21%～23.82%），且面积逐时期增加。

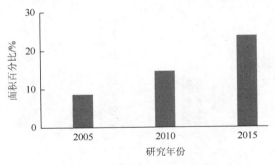

图 4-30　建设用地 PLAND 分析

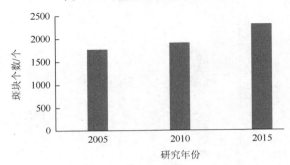

图 4-31　建设用地 NP 分析

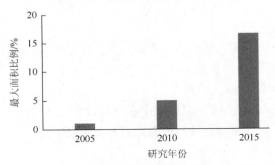

图 4-32　建设用地 LPI 分析

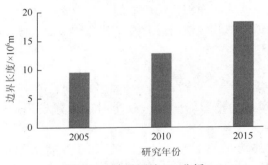

图 4-33　建设用地 TE 分析

第 4 章 景观格局动态变化

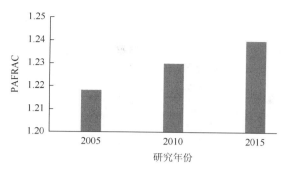

图 4-34 建设用地 PAFRAC 分析

（2）建设用地的平均斑块面积和最大斑块面积都逐年增大，结合多个景观格局指数分析，建设用地几乎没有受到破碎化的影响。

（3）建设用地相对于前面分析的三种景观类型，它受的人为影响更大，其斑块形状也更为规整。

（4）研究区的建设用地是道路和建筑用地的结合，由于新增建设用地基本都沿交通流线分布，同时整体分布又符合规划的三大组团，因此建设用地的增加属于集聚增加。

5. 未利用地

采用 5 种景观格局指数对研究区三个时期的未利用地进行分析，结果如图 4-35～图 4-39 所示。

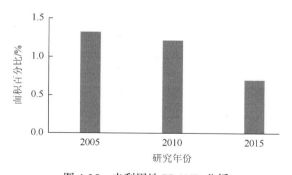

图 4-35 未利用地 PLAND 分析

（1）2005～2015 年，未利用地的面积和斑块数量逐时期降低，说明研究区土地利用强度持续增大。结合实际，大部分的未利用地转化为建筑用地。

（2）2005～2010 年的局部出现大的未利用地斑块，与研究区 2005～2010 年人为影响较大呈正相关。2005～2010 年处于建设的初期，拆迁工程较多，形成大量的拆迁废弃地，本研究将其划为未利用地。

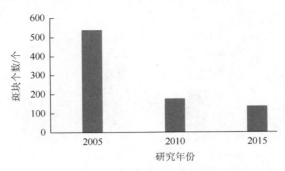

图 4-36　未利用地 NP 分析

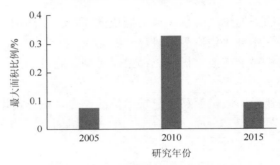

图 4-37　未利用地 LPI 分析

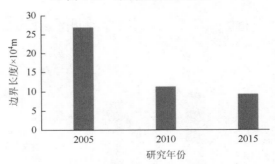

图 4-38　未利用地 TE 分析

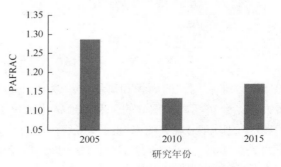

图 4-39　未利用地 PAFRAC 分析

4.4 景观要素面积转化

在上述景观格局分析的基础上，采用 ArcGis10.0 中的 Insection 工具，对研究期 2005~2010 年、2010~2015 年的景观要素面积转化进行量化统计，然后在 Excel 中生成面积转移矩阵进行面积转化分析。

4.4.1 2005~2010 年的景观要素面积转化

研究区 2005~2010 年的景观要素面积转移矩阵如表 4-4 所示。

表 4-4　2005~2010 年的景观要素面积转移矩阵　　（单位：hm²）

		2005 年				
		农田	林地	建设用地	未利用地	水域
2010 年	农田	30 409	810	106	145	218
	林地	3 477	2 040	120	135	101
	建设用地	2 106	169	4 074	237	144
	未利用地	271	167	15	54	59
	水域	891	30	15	18	1 203

2005~2010 年，林地和建设用地面积变化百分比最大，达到 70.62%和 55.49%。农田面积变化最大，减少了 5465hm²，主要转化为林地（3477hm²）和建设用地（2106hm²）；林地面积的增大，主要源于农田的转化（3477hm²）（退耕还林）；水域面积的增大主要源自农田的转化，达到 891hm²，而仅有 30hm² 林地、15hm² 建设用地、18hm² 未利用地转化为水域；未利用地面积的减少量，主要转化为建设用地（237hm²），其余为农田（145hm²）和林地（135hm²）；建设用地面积的增加，主要来自 80%农田的转化（2106hm²），而林地、未利用地和水域对建设用地的转化仅分别为 169hm²、237hm²、144hm²。

4.4.2 2010~2015 年的景观要素面积转化

研究区 2010~2015 年的景观要素面积转移矩阵如表 4-5 所示。

表 4-5 2010～2015 年的景观要素面积转移矩阵 （单位：hm²）

		2010 年				
		农田	林地	建设用地	未利用地	水域
2015 年	农田	25 003	2 569	196	55	440
	林地	2 093	2 278	91	171	98
	建设用地	3 541	829	6 330	287	213
	未利用地	172	15	71	30	13
	水域	881	182	41	22	1 393

2010～2015 年，建设用地和未利用地的面积百分比变化最大，达到 66.44%和 46.73%，建设用地的增加绝大部分来自农田的转化（3541hm²，72.71%），而建设用地面积转化为其他景观要素的面积比较少；未利用地面积持续减少，大部分转化为建设用地（287hm²）和林地（171hm²），其余为农田（55hm²）和水域（22hm²）；农田面积的减少量，大部分转化为建设用地（3541hm²）和林地（2093hm²），共占了转化面积的 84.25%；林地面积的减少量，大多转化为农田（2569hm²）和建设用地（829hm²），共占了 92.21%，而林地的增加，主要来自农田的转化，达到了 2093hm²；水域 78.24%面积（881hm²）的增加也主要来自农田的转化。

4.5 景观格局的梯度分析

4.5.1 梯度分析的幅度

研究区基本是沿郑州和开封之间的郑开大道发展，故将郑开大道作为贯穿研究区东西的横轴进行梯度分析。由于景观格局尺度性的存在，在梯度的分析中，首先要确定研究的幅度，选取的幅度大小是否合适，对研究结果影响很大。以 2005 年景观格局为例，进行幅度的测试和选择。首先，将郑开大道截取为等间距的 10 段，如图 4-40 所示。

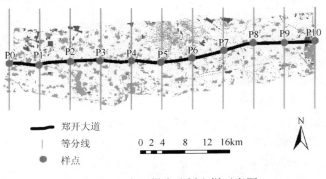

图 4-40 研究区梯度分析取样示意图

沿郑开大道取 P0～P10 共 11 个点，由于 P0、P10 是研究区的端点，包含研究区外的信息，将其舍去。仅取 P1～P9 这 9 个点作为研究梯度样点。

随后，采用上述选取的 5 个景观格局指数（NP、TE、LPI、SHDI 和 PAFRAC）对这 9 个点进行半径为 250m、500m、1000m、1500m 四个幅度的圆进行景观格局测试，结果如图 4-41～图 4-45 所示。

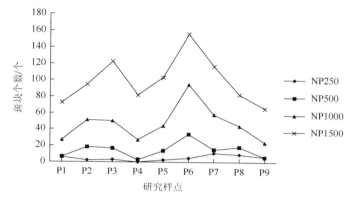

图 4-41　研究区 9 个样点 4 个测试尺度的 NP 分析

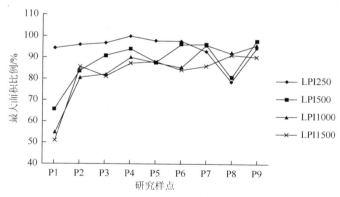

图 4-42　研究区 9 个样点 4 个测试尺度的 LPI 分析

综合图 4-41～图 4-44，当幅度半径≤500m 时，5 种景观格局指数变化较小，即对幅度变化不敏感，当幅度半径>1000m 时，即 1500m 时，景观格局指数波动剧烈，不能很好地体现景观的梯度特征（谭丽等，2008），因此 500～1000m 的尺度相对比较合适。

结合图 4-45 分析，因为当幅度半径等于 250m 和 500m 时，PAFRAC 部分值没有统计意义，即样本太小，不能反映景观格局规律性，故 PAFRAC 不能显示。故将半径 250m 和 500m 的幅度舍去。

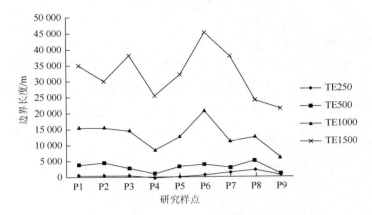

图 4-43 研究区 9 个样点 4 个测试尺度的 TE 分析

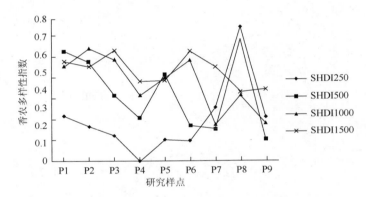

图 4-44 研究区 9 个样点 4 个测试尺度的 SHDI 分析

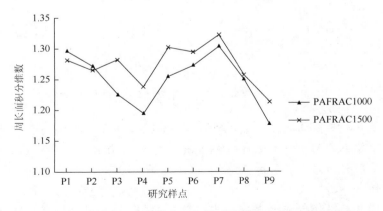

图 4-45 研究区 9 个样点 4 个测试尺度的 PAFRAC 分析

因此，取半径为 1000m 的圆作为景观格局梯度分析的幅度。

4.5.2 梯度分析的结果

以半径为 1000m 的圆作为景观梯度分析幅度，对研究期 2005 年、2010 年、2015 年三个时期和 9 个样点采用雷达图进行 5 个景观格局指数的分析。

雷达图能比较直观地反映每个样点的景观格局在不同时期的变化；每个样点在同一时期和其他样点的景观变化对比；所有样点在不同时期的景观格局的变化对比。

研究区不同时段 9 个样点 NP 分析如图 4-46 所示。

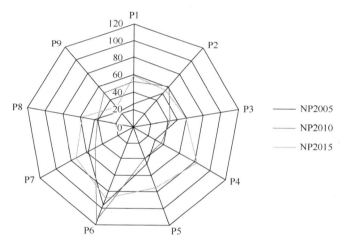

图 4-46　研究区不同时段 9 个样点 NP 分析

在时间梯度上分析，斑块个数（NP）在整个研究期（2005~2015 年）处于一个由低到高的趋势，反映出了景观破碎化程度的加大。

在空间梯度上分析，2005~2015 年，明显右下角的 NP 值变化较大，即研究区西部（郑州方向）的景观破碎化程度要高于研究区东部（开封方向），即景观破碎化程度在整个研究区西高东低。但在研究区中部，即 P6 点局部出现了破碎化程度降低的情景，但 P6 点整体的景观破碎化在整个研究期都很高，结合规划资料，P6 点附近正好是规划中官渡组团的位置。

研究区不同时段 9 个样点 LPI 分析如图 4-47 所示。

在时间梯度上分析，整个研究区的 LPI 在 2005~2010 年降低速度较快。而 2010~2015 年 LPI 的变化不大。

在空间梯度上分析，从 2005~2015 年比较，郑州段的 LPI 变化低于开封段的 LPI，即在 2005~2015 年郑州段最大斑块的变化面积小于开封段。

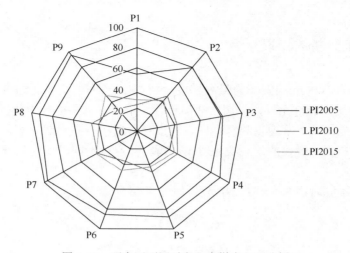

图 4-47　研究区不同时段 9 个样点 LPI 分析

研究区不同时段 9 个样点 TE 分析如图 4-48 所示。

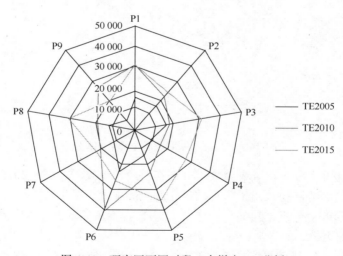

图 4-48　研究区不同时段 9 个样点 TE 分析

在时间梯度上分析，研究区整个时段的 TE 在 2005～2015 年大幅度增加，即斑块边界长度增加，也是景观破碎化程度增加或者斑块复杂化加大的结果。

在空间梯度上分析，2005～2015 年整体变化相对比较均匀，郑州段略高于开封段。

研究区不同时段 9 个样点 PAFRAC 分析如图 4-49 所示。

在时间梯度上分析，整个研究期的 PAFRAC 变化较大，说明 2005～2015 年受人为影响比较大。

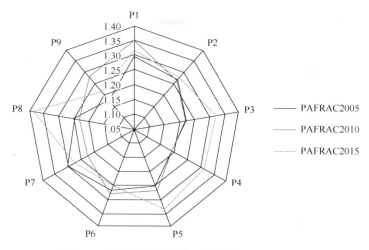

图 4-49 研究区不同时段 9 个样点 PAFRAC 分析

在空间梯度上分析，2005~2015 年明显靠郑州段的 PAFRAC 变化大于靠开封段的，说明靠郑州段景观格局变化较大。

研究区不同时段 9 个样点 SHDI 分析如图 4-50 所示。

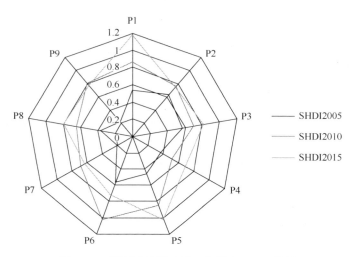

图 4-50 研究区不同时段 9 个样点 SHDI 分析

在时间尺度上分析，SHDI 逐渐增大，即景观的多样性增强，但 2005~2010 年的变化大于 2010~2015 年的变化。

在空间尺度上分析，2005~2015 年靠近开封段 SHDI 的增加大于靠近郑州段的 SHDI。

梯度分析结论如下。

（1）研究区总体景观格局变化，两端比中央快，局部 P6 点附近由于官渡组团的存在，景观格局变化速度也较快。

（2）西部（靠近郑州段）整体景观格局变化大于东部（靠近开封段）景观格局变化。

（3）西部（靠近郑州段）景观变化剧烈源自斑块数量、斑块形状、人为影响等，但东部（靠近开封段）在景观斑块类型变化上比西部快。

4.6 研究区总体景观格局的动态变化

在对景观格局的量化分析中，目前的研究往往限于单一景观类型的数量、面积、位置等的多时段对比，但是对整体景观格局的评价往往无从下手。其原因在于，作为研究对象的景观一般是一个固定的地域范围，其面积和位置不变。基于此，引入热力学中的熵模型对景观总体变化进行评价。对一个系统的整体评价，简单来讲是将一系列反映被评价对象的指标由无序变为有序的过程，这个评价恰好与"熵"的相关思想不谋而合，熵值的大小正是反映了系统内部的无序程度。

根据热力学第二定律，系统内部的自发进行方向是熵值增加的方向。据此可以采用热力学中的熵模型对景观格局的整体情况进行评价。熵模型计算公式如下。

$$H = -C \sum P_i \log P_i \tag{4-5}$$

式中，H 是熵值，系统的整体描述量，在景观格局整体评价中，代表某个时段整体景观类型的变化状态；C 在熵模型评价中是一个常数，在此可以忽略，因为对不同时期景观熵值的评价都是基于同一个熵模型；P_i 原指在特定实验中第 i 种状态出现的概率，在此是某种景观类型在特定时间段的面积与总景观面积的比值（出现的概率）。

结合前期景观格局分析的结果，将表 4-6 数据代入公式，得

$$H_{2000} = 0.92$$
$$H_{2005} = 1.10$$
$$H_{2010} = 1.44$$
$$H_{2015} = 1.54$$

表 4-6 不同时期的景观格局数据

景观类型	不同年份景观类型所占研究区总面积百分比/%			
	2000	2005	2010	2015
草地	0.01	0.00	0.00	0.00
未利用地	0.00	1.25	1.20	0.64

续表

景观类型	不同年份景观类型所占研究区总面积百分比/%			
	2000	2005	2010	2015
农田	82.17	79.03	67.40	60.12
林地	3.35	6.84	12.49	10.06
建设用地	10.93	9.21	14.32	23.82
水域	3.54	3.67	4.59	5.36

根据热力学第二定律，系统熵值在没有外力的作用情况下，总是趋向熵值增加的方向，且系统的混乱度是逐渐增加的。假定研究区属于一个稳定的系统，人为因素和自然因素在系统内部改变土地利用类型和面积，针对系统来讲，属于系统的内力。而本研究区的熵值逐渐增大，说明系统的混乱度增加，景观格局变化日趋规整化和平均化。但2005~2010年的熵值变化大于2010~2015年的熵值变化，反映出在同等的时间内，2005~2010年的系统变化比较大，即系统的内力比较大，而系统内力在本书的分析中，主要以人为影响为主。因此，2005~2010年系统的人为影响较大。熵模型的分析结果和前面景观格局的人为影响分析吻合，与景观格局指数中的SHDI分析结果也吻合，这也是对熵模型的一个验证。

因此，在某种程度上可以用研究区的熵值来代替研究区的景观变化程度，熵值越大，表明研究区受人为影响越大，研究区各种景观类型越趋向均质化。熵模型的引入可以相对简单明了地对景观格局变化进行整体评价，但熵模型存在的一个缺陷是其暂不能对具体的景观斑块进行定位分析，这也是熵模型下一步改进的方向。

4.7 景观格局的变化预测

研究区是政府监管的核心区域，研究区的景观格局变化和发展趋势是政府决策的重要参考依据。在对研究区三个时期的景观格局分析的基础上，对传统的马尔可夫模型进行优化，加入政策影响因子。然后对景观格局进行预测，得出研究区2020年的景观格局变化情况。而2020年是《郑汴产业带规划》的终期，本研究区与郑汴产业带规划区域吻合，恰好可以对规划的实施提供检验依据。

传统的马尔可夫模型是假定保持当前干扰不变的情况下，土地利用变化满足平稳的马尔可夫链，未来土地利用类型相互转换的面积可以通过马尔可夫转移概率进行计算，方法如下：

$$P = \begin{vmatrix} p_{11} & p_{12} & \cdots & p_{1n} \\ p_{21} & p_{22} & \cdots & p_{2n} \\ \vdots & \vdots & \vdots & \vdots \\ p_{n1} & p_{n2} & \cdots & p_{nn} \end{vmatrix} \quad (4\text{-}6)$$

其中，

$$\sum_{i=1}^{n} p_{ij} = 1(i,j=1,2,\cdots,n), \quad 0 \leqslant p_{ij} \leqslant 1 \quad (4\text{-}7)$$

$$S = s_0 \times P \quad (4\text{-}8)$$

式中，P 是转移概率矩阵；p_{ij} 是第 i 类土地类型转化为第 j 类土地类型的概率；n 为土地利用类型数；S 是预测时段的土地利用类型面积矩阵；s_0 是初始状态面积矩阵。

根据首尾两个时期面积转移的变化及其景观类型的转化概率，可以预测出若干时间段后土地利用类型的面积变化。

马尔可夫模型描述的是当外界条件不变的情况下，起止两个时段景观要素的随机转换概率。但在现实中，没有两个时期的情况是一样的，因此传统的马尔可夫模型仅能做简单预测。在优化的模型中，将变化的干扰因子引入传统的马尔可夫模型中，解决了外界干扰变化的问题。一般在短的时期内，人为影响因子起主导作用。本研究仅有 10 年的时间，自然因子如气温、降水、地形等自然要素没有大的变化，故以人文因子为例对研究区景观格局进行分析。通常情况下，政府经常会执行一种土地利用政策，如保证一种土地类型不变，或者说对一种或多种土地类型面积给定发展目标等。基于这种情况，引入了一个人为政策影响因子（a）加入模型。

$$S_i = \frac{S - a \times S_i(0)}{S - S_i} \times S_i \quad (4\text{-}9)$$

式中，S_i 是预测期某类景观的面积；a 是人为政策对此类景观的影响；$S_i(0)$ 是初始某类景观的面积，上述公式还需满足：

$$\sum_{i=1}^{n} S_i(0) = \sum_{i=1}^{n} S_i = S = S(0) \quad (4\text{-}10)$$

根据《郑汴产业带规划》中对土地利用变化的政策限定为 2010～2020 年，区域建成面积达到 110.08km^2，即对 2020 年的建设面积进行了限定，将其政策影响加入马尔可夫模型中，对 2020 年的景观面积进行预测。

首先根据前面的 2010~2015 年的面积转移矩阵,计算出面积转移矩阵概率。

$$P = \begin{vmatrix} 0.789 & 0.066 & 0.112 & 0.005 & 0.028 \\ 0.437 & 0.388 & 0.141 & 0.003 & 0.031 \\ 0.029 & 0.014 & 0.941 & 0.011 & 0.006 \\ 0.097 & 0.302 & 0.508 & 0.054 & 0.040 \\ 0.204 & 0.045 & 0.099 & 0.006 & 0.646 \end{vmatrix}$$

将 P 带入式(4-8)中,得出研究区 2020 年的景观类型面积。

$$\begin{aligned} S_{2020} &= S_{2015} \times P \\ &= |28\ 264\quad 4731\quad 11\ 200\quad 301\quad 2519| \times \\ &\quad \begin{vmatrix} 0.789 & 0.066 & 0.112 & 0.005 & 0.028 \\ 0.437 & 0.388 & 0.141 & 0.003 & 0.031 \\ 0.029 & 0.014 & 0.941 & 0.011 & 0.006 \\ 0.097 & 0.302 & 0.508 & 0.054 & 0.040 \\ 0.204 & 0.045 & 0.099 & 0.006 & 0.646 \end{vmatrix} \\ &= |25\ 238\quad 4059\quad 14\ 761\quad 315\quad 2640| \end{aligned}$$

运算结果|25 238 4059 14 761 315 2640|分别为研究区(农田、林地、建设用地、未利用地、水域)的面积,单位为 hm^2。

结合式(4-9),得

$$S_{2020} = |22\ 908\quad 3684\quad 17\ 738\quad 286\quad 2396|$$

根据规划目标,2020 年研究区(农田、林地、建设用地、未利用地、水域)的面积应为|22 908 3684 17 738 286 2396|,单位为 hm^2。如不加入政策影响,研究区(农田、林地、建设用地、未利用地、水域)的面积应为|25 238 4059 14 761 315 2640|,单位为 hm^2。建设用地的面积尚未达到规划的目标,即目前的景观变化进度略低于预期目标。因此,政府为实现 2020 年的预期目标,需要加快建设进度。

优化后的马尔可夫模型可以结合研究区具体的人为政策因子,对将来的景观格局进行更准确的预测,同时也可以对目前的规划实施情况进行检验,判断目前的进度是否能达到预期的目标。

4.8 景观格局变化的动因分析

景观格局的变化对地表气候、生态环境的影响巨大,但从景观管理角度分析,对引起景观格局变化的驱动力进行研究更为重要,这也是区域政策制定的前提条件。本研究将引起景观格局变化的驱动因子分为两类:自然因子和人为因子。自然因子包括气候、水文、土壤变化、坡向等；人文因子包括人口变化、政治经济体制变革、技术进步、文化思想观念改变等。一般认为在较短的时间尺度上，自然因子相对稳定，具有累积性效应，而人文因子则相对活跃。

4.8.1 自然因子影响

研究区的自然因子主要包括地形、土壤、气温、降水等方面。由于本研究的时间跨度仅有短短十几年的时间，自然因子对地形的影响很小，研究区地形平坦，自21世纪以来几乎没有变化；土壤方面，研究区土壤在常年的农耕作用下，养分处于一个提升状态，但是土壤的类型几乎没有变化，相反是景观要素的改变导致土壤类型局部发生改变，如农田被占用等。因此，本书对自然因素的分析主要从气温、降水方面进行。由于研究区的河渠和坑塘季节性变化明显，气温和降水变化直接影响研究区的水域面积，即河渠和坑塘面积。故取研究区15年的气温和降水数据（2000～2014年）与研究时段水域面积景观格局进行拟合，如图4-51所示。

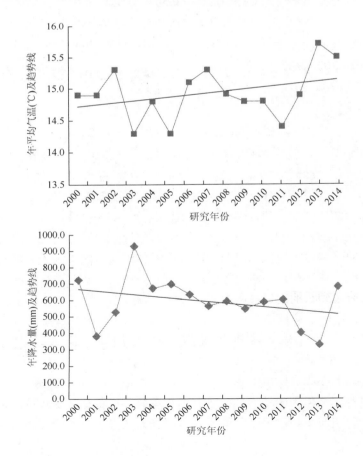

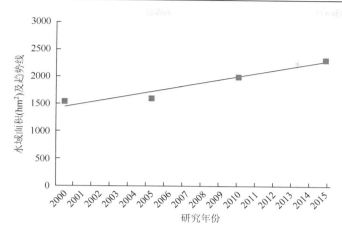

图 4-51　研究区气温和降水对水域面积的影响分析

　　整个研究区气温总体升高，但降水总体减少，由于研究区水域面积季节性明显，正常情况下水域面积应该降低。但是研究区的水域面积持续增长，表明研究区人为影响起了主导作用，即人为营造了大面积的水域。

　　结合研究区的政策文件进行验证，根据《郑汴新区规划》《郑汴产业带总体规划 2006—2020》《郑州水生态文明规划》，将水系景观与城市防洪设施有效结合，形成"九湖聚首，六脉通渠"的景观；按照"一河、二区、三源、七湖、八景"布局进行贾鲁河生态治理……建设或整治西流湖、荥泽湖、贾鲁湖、龙湖、象湖、圃田湖、官渡湖 7 湖；利用"引黄水源、生态水系循环水源、中水水源等工程为贾鲁河生态补水"及遥感影像分析，得出在研究区主要两大湖区（白沙组团象湖水系建设和开封西区西湖建设）和原有水系的开挖、清淤和水系连通工程，是研究区水域面积增加的主要原因。结果充分表明了人为影响是本区域景观格局变化的主要驱动力。

4.8.2　人文因子影响

　　研究区的人文因子一般包括人口、经济发展水平、经济结构、社会发展水平和政策因子等。由于影响因子众多，本研究采用主成分分析法进行降维分析，来确定主要的人文因子。研究区绝大部分区域分布在中牟县，在驱动力分析上，以中牟县相关社会经济资料为主要数据源。

　　因在 2010 年之后研究区的行政区划反复调整（如航空港区和白沙镇的行政调整等），我们采用中牟县 2000~2010 年的人文数据进行初步筛选，如表 4-7 所示。

表 4-7　中牟县相关人文数据

年份	人口 (X1)	GDP (X2) /万元	粮食总产量 (X3) /t	工业增加值 (X4) /万元	人均纯收入 (X5) /元	第三产业百分比 (X6) /%	城市化率 (X7) /%
2000	668 422	358 653	359 000	40 744	2 620	34.50	12.30
2001	673 142	397 113	345 806	126 412	2 805	34.46	14.70
2002	677 310	454 337	323 951	169 254	2 988	35.40	15.34
2003	680 669	507 342	310 188	220 132	2 995	34.42	16.67
2004	682 215	584 893	324 697	256 263	3 499	31.12	18.15
2005	682 896	708 936	334 198	344 557	4 056	28.60	21.78
2006	683 866	902 217	343 595	512 918	4 863	27.60	28.35
2007	684 913	1 194 195	362 858	2 508 901	5 836	28.00	32.50
2008	685 236	1 533 683	349 000	642 421	6 830	27.20	34.14
2009	676 449	1 939 652	349 323	961 291	7 445	27.21	34.12
2010	677 034	2 225 828	351 957	1 101 000	8 492	26.40	36.00

采用主成分分析法对表 4-7 中多种驱动因子进行分析，结果如表 4-8 所示。

表 4-8　中牟县相关人文数据的主成分转置载荷矩阵

项目	主成分 1	主成分 2
人口	0.450	−0.845
GDP	0.918	0.125
粮食总产量	0.574	0.689
工业增加值	0.770	0.018
人均纯收入	0.956	0.075
第三产业百分比	−0.936	0.151
城市化率	0.988	−0.075

影响景观格局变化的人文因子比较多，而且这些因子可能相互影响，采用 SPSS 软件对选取的 7 个指标进行主成分分析，通过降维的方法处理人文因子选取的数量和因子之间的相关性问题。按照主成分分析法的标准，需特征值大于 1（本书两个主成分特征值为 4.74 和 1.24），且特征值占方差百分数的累加值大于 85%（本书选取的特征值占方差百分数的累加值为 85.3%）。

结合表 4-7 分析，第一主成分为 GDP、工业增加值、人均纯收入和城市化率，在此将其命名为经济和城市化因素。第二主成分为人口和粮食总产量，因为我国按人口划分农田的性质，可以将其归为人口因子。这两个主成分基本能说明景观格局的驱动因子，一个是经济和城市化因素即政策因素，另一个是人口因素。取经济和城市化因素中的 GDP 和人口因素中的人口为例,对研究区景观格局变化的驱动力进行分析。

由于研究区范围不是以行政边界划分,而中国的社会数据都是以行政单位统计,因此当地的人文经济数据不能直接使用。作者分别采用人口学和经济学中的人口空间化和 GDP 空间化的方法对人口和 GDP 进行数据处理。

1. 人口空间化

影响人口分布的主要因素包括海拔、气候、水文、土地利用、交通、居民点等。一般情况下,在相对较小的区域范围内,土地利用(特别是居民点、工矿用地、农田)与人口的分布最为密切。海拔、地形、气候等要素主要影响人口的宏观分布。本研究区约为 473.14km²,由 7 个乡镇组成,在人口空间化中属于较小的区域。因此,选取研究区的土地利用数据进行人口空间化相对比较准确。

在研究区引入优化过的人口与土地利用模型如下。

$$P_t = C + \sum_{i=1}^{n} R_i A_i - 23.62\text{DEM} \qquad (4\text{-}11)$$

式中,P_t 是研究区总人口;C 是人口基数;R_i 是第 i 种土地利用类型的人口权重;A_i 是第 i 种土地利用类型的面积;DEM 是数字高程(m)。

由于地区的差距性,再加入研究年份的地区调整系数 M_j,M_j 由研究区土地利用面积情况和中牟县整体土地利用情况对比得到。

$$P_t = C + \sum_{i=1}^{n} R_i A_i - 23.62\text{DEM} + M_j \qquad (4\text{-}12)$$

结合《基于人口分布与土地利用关系的人口数据空间化研究》的相关 R_i 参数设定,将表 4-2 研究区 4 个时段、不同景观类型的面积数据代入 P_t 的计算公式中。

根据以上数据和公式,得到研究区 2000 年、2005 年、2010 年、2015 年的人口如表 4-9 所示。

表 4-9 研究区 4 个时段的人口估值

项目	年份			
	2000	2005	2010	2015
研究区人口/人	171 560	192 353	235 091	251 477

2. GDP 空间化

从经济学上分析，土地利用结构的变化会导致依附其上的经济效益的变化，还会由此产生结构效益，进而产生新的经济效益。从景观的角度理解，即景观格局的变化会影响经济产出的变化，即导致 GDP 的变化。当然，影响 GDP 的因子很多，但在较小的区域、相对一致的环境下，景观类型对 GDP 的影响相对较为显著。引用《基于 GDP 的土地利用结构优化研究——以雅安市雨城区为例》的 GDP 空间化算法，同时采用《县域土地利用类型变化对国内生产总值的影响》中河南省的对应数据进行修正，得

$$Y=1.345+0.02x_1+0.075x_2-0.002x_3+0.08z-0.76m \tag{4-13}$$

式中，农田（x_1）、园地（x_2）、林地（x_3）和建设用地（z）是不同景观类型的比例；Y 是单位面积的 GDP（万元）；m 是未利用地的面积比例。

渔业在研究区周边 GDP 所占比例很小（《中牟统计年鉴 2005~2015》），因此不考虑水域影响。另外，园地在影像解译中视为林地。结合相关统计资料及景观格局分析，得出的研究区 GDP 的数值如表 4-10 所示。

表 4-10 研究区 4 个时期的 GDP 估计值

项目	年份			
	2000	2005	2010	2015
研究区 GDP/万元	76 286.11	74 910.37	76 027.87	79 410.79

3. 人文因子分析

取人口空间化和 GDP 空间化的分析结果，针对研究区进行制图分析，结果如图 4-52 所示。

人口在 2000~2015 年处于一个稳步增长的趋势，2005~2010 年的人口增长较为迅速，这个时期恰好是郑开大道的建成初期，即郑开融城的开始期，政府在政策等各方面给予的优惠很大，吸引投资和入驻的人很多；此时期也是郑州和开封房价迅速上升的时期，很多人开始在郑开大道两侧买房，尤其是郑州东和开封西，房地产的开发热潮集中在这两段区域（郑州东：沿郑开大道两侧分布，西至京港澳高速，东至人文路附近。开封西：沿郑开大道两侧分布，西至开封第十六大街附近，东至金明大道）。这一时期，房地产的开发也是研究区景观格局变化的重要原因之一。

第 4 章 景观格局动态变化

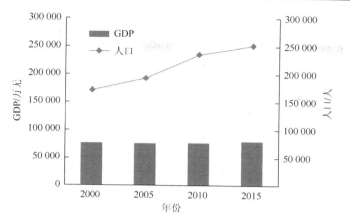

图 4-52 研究区 4 个时期人口和 GDP 概况

研究区是郑汴一体化的核心区域,也是郑汴产业带规划的范围。根据郑汴产业带的规划:"以郑开大道、轻轨(预留)和其他交通通道所构成的交通轴为依托,由西向东规划布局白沙、官渡和汴西新区三大组团……""白沙组团准备利用其紧邻郑东新区 CBD 和龙子湖高校区的区位优势,重点布局职业教育、现代服务业和高新技术产业""官渡组团:呼应中牟县城,重点布局科技研发、现代制造业、农产品精深加工业、现代商贸和文化旅游服务业""汴西新区组团:为综合性新城区,重点发展金融商贸、休闲娱乐、行政办公、商住等产业"。政策的影响对人口的数量增加影响很大,而人均占据一定的建筑面积。因此,人口和政策对该区域的景观格局影响较大。

研究区的 GDP 略有提升但整体变化不大。研究区快速增加的建设用地的面积会带来 GDP 的增加,但研究区目前还处于规划的实施阶段,建设用地的经济效益尚不显著。研究区整体还属于农业景观,农田面积仍处于主导地位,因此农田面积的减少和林地面积的增加是 GDP 减少的主要原因。

4.9 本章小结

(1)20m×20m 的粒度为研究区景观格局的最佳研究尺度。2005~2015 年,研究区景观破碎化程度增大,2010~2015 年是景观破碎化程度加大的主要时期,破碎化对农田影响较大;整个区域景观格局变化受人为影响为主,2005~2010 年更为显著;建设用地的增加绝大部分来自农田的转化,未利用地主要转化为了建设用地,林地和水域面积的增加主要来自于农田。

(2)半径为 1000m 的幅度为研究区梯度分析的最佳幅度。梯度分析表明,在景观格局变化上,两端比中央快;西部(靠近郑州段)景观格局变化大于东部(靠近开封段）。西部景观变化剧烈源自斑块数量、斑块形状、人为因子等影响，但东部在景观斑块类型变化上比西部快。2005~2010 年景观格局变化略快于 2010~2015 年。

（3）采用优化后的马尔可夫数学模型对 2020 年景观格局进行了预测，发现目前的景观变化进度略低于预期目标，即政府为实现 2020 年的规划目标，需要加快建设进度。

（4）对研究区的气温、降水为代表的自然因子，以及人口、政策、GDP 为代表的人文因子进行了研究区景观格局变化的驱动力分析。结果表明，人口和政策是该区域景观格局变化的主导因素。

第 5 章　景观格局变化背景下的生态系统服务评价

开展景观格局变化下的生态系统服务评价，对合理开发和利用土地资源，把握区域生态环境变化，以及促进人类社会、经济的可持续发展有着非常重要的意义。城市化背景下景观格局的变化通常也是区域生态系统服务变化最直接和重要的原因（Nahuelhual et al.，2013）。本章节以前文所述的景观格局变化为基础，对研究区三个时期的部分生态系统服务进行评价。

5.1　生态系统服务的选择

生态系统服务的种类众多，一般分为调节服务、支持服务、供给服务和文化服务 4 个方面，本研究对 4 种类型生态系统服务各选其一，具体如下。

（1）调节服务选择固碳服务，即碳储量。陆地生态系统通过向大气中吸收和排放 CO_2 等温室气体来调节全球气候，其碳储存和释放对二氧化碳驱动的气候变化意义重大（黄卉，2015）。研究区景观格局变化剧烈，其对环境各方面的影响如何，是政府和研究区人民非常关注的问题，选择碳储量研究也是尝试解决全球景观格局变化下，环境尤其是气候如何随之变化问题的切入点。

（2）支持服务选择生境质量服务。快速城市化的发展，使景观格局发生了巨大变化，而景观格局的变化则对区域生境产生了重要影响。生境的破坏也会使生物多样性乃至人类的生存或者发展受到威胁。对生境的研究在快速城市化发展的今天日趋重要。

（3）供给服务选择小麦生产。本书在供给服务中以小麦生产为例进行了生态系统服务的价值研究和分析。从景观格局的分析可以得出，研究区最明显的景观格局变化就是农田面积的大量消失。农田面积减少带来的主要问题就是粮食供给服务的降低。粮食供给服务降低后，区域居民直接面临的就是吃饭问题，以及由此带来的家庭经济维持方式的转变，这也是实际调研中研究区居民最关注的问题。

（4）文化服务选择景观美学。生态系统的文化价值是生态系统服务的一个重要组成部分，具体有美学、休闲、娱乐、教育等方面。快速城市化导致地表景观格局发生了巨大变化，也影响了区域景观，导致景观所带来的文化价值发生变化。研究区处于郑州和开封之间，是两个钢筋水泥城市的过渡地带，是人们业余放松的重要空间。研究区郑开大道两侧随处可见的农家乐和一些城市远郊公园就是研究区文化价值的一个展现。本书以景观美学价值为例对文化服务进行研究。

5.2 碳储量服务评价

本章节采用 InVEST 模型对研究区不同时期的碳储量进行评价。InVEST 模型是由美国斯坦福大学、大自然保护协会和世界自然基金会联合开发的生态系统服务评估模型。InVEST 模型包括三大模块，即陆地生态系统模块、淡水生态系统模块、海洋生态系统模块。该模型提供多种生态系统功能评估，具体如表 5-1 所示。

表 5-1　InVEST 模型的评估范围

陆地生态系统模块	淡水生态系统模块	海洋生态系统模块
碳储量	水质	海岸保护
生物多样性	产水量	海洋水质
木材	水土保持	生境
农作物授粉	水力发电	美学评估
		水产养殖
		叠置分析
		波能、风能评估

5.2.1　基础数据来源

本研究采用 InVEST 模型中的 Carbon Model 模块进行碳储量变化研究。由于数据的可获取性限制，在本研究区碳储量计算时仅选用碳储量模型的必需数据，即研究区多个时期的土地利用现状图和四大碳库的碳密度数据。

（1）土地利用现状图根据前面景观格局分析的 2005 年、2010 年及 2015 年的数据得到。然后根据 InVEST 模型 Carbon Model 模块的输入格式需要，将其转化为栅格数据。

（2）四大碳库的碳密度数据根据 Carbon Model 分类，分为地上生物量碳库、地下生物量碳库、死亡有机质碳库和土壤碳库。地上生物量碳库和地下生物量碳库均属于生物量碳库；死亡有机质碳库指的是地表的枯枝落叶；土壤碳库指的是土壤中的动植物残体形成的有机质和腐殖质碳库。

实际上，InVEST 模型还涉及了第五碳库，第五碳库包含了木材收获的起始时间、轮伐期、木材产品衰减率等对总碳量的影响。但由于我国目前林业部门在木材经营上缺乏统一的采伐计划,木材产品衰减率无法衡量。另外,第五大碳库数据在模块中属于可选项。因此,本书选用四大碳库数据进行研究,计算模式如下。

$$C\_stored = C\_above + C\_below + C\_soil + C\_dead \qquad (5-1)$$

式中,C_stored 是总碳储量;C_above 是地上生物碳储量(t/hm^2);C_below 是地下生物碳储量(t/hm^2);C_soil 是土壤碳储量(t/hm^2);C_dead 是枯枝落叶碳储量(t/hm^2),即以植被类型为统计单元的死亡有机质碳储量。

建设用地的地表几乎为不透水地面,对碳的释放和固存几乎没有作用,结合前人的研究成果,将其生物量碳密度设置为零。研究区的未利用地表层裸露,多以拆迁废弃地、沙地等为主,也将其生物量碳密度设置为零。研究区林地以杨树为主,几乎全为落叶阔叶林,其碳储量密度也参照落叶林碳密度,后期结合研究区实际进行修正。

经查阅相关文献和资料,对各地区不同土地利用类型的碳密度值进行研究和汇总,确定数据选取标准:4 种碳库数据以河南省数据为主,如果没有河南省数据,就采用全国数据,后期对全国数据进行修正;对于河南省的碳密度多种数据来源,优先使用同一个人或同一种方法研究的结果,从而保证数据的一致性。采集数据具体如下所示。

1)不同土地类型地上部分碳密度数据

不同土地类型地上部分碳密度数据如表 5-2 所示。

表 5-2　不同景观要素地上部分碳密度值汇总

土地类型	碳密度/(t/hm^2)	研究范围	数据来源
农田	5.97	全国	黄玫等,2006
阔叶林	25.73	河南省	光增云,2007
草地	0.63	河南省	朴世龙等,2004
水体/湿地	3.70	全国	王绍强和周成虎,1999
建设用地	0		
未利用地	0		

2)不同土地类型地下部分碳密度数据

地下部分碳密度一般指地表之下 0~20cm 单位面积上碳储量的平均值。根据《2006 年 IPCC[①]国家温室气体清单指南》中叙述,地下部分碳密度值一般根据地下部分与地上部分比值(根茎比)进行计算,相关文献数据统计如表 5-3 所示。

---

① IPCC 指政府间气候变化专门委员会(Intergovernmental Panel on Climate Change)

表 5-3　不同景观要素地下部分碳密度值汇总

景观类型	碳密度/(t/hm²)	研究范围	数据来源
农田	1.13	全国	黄玫等，2006
阔叶林	11.84	全国	光增云，2007
草地	2.82	河南省	朴世龙等，2004
水体/湿地	6.55	全国	王绍强和周成虎，1999
建设用地	0		
未利用地	0		

3）不同土地类型死亡有机质的碳密度数据

死亡有机质的碳密度一般根据死亡有机质生物量与地上部分生物量比值和生物量-碳的转换率（碳比例）计算得到。IPCC 将死亡有机质分为死木和枯枝落叶，其中，死木的生物量碳转换率为 0.5，枯枝落叶的碳比例为 0.4。查阅相关文献，不同区域、不同土地类型的死亡有机质碳密度值如表 5-4 所示。

表 5-4　不同景观要素死亡有机质碳密度值汇总

景观类型	碳密度/(t/hm²)	研究范围	数据来源
农田	1.00	北京、四川	黄从红等，2014
阔叶林	5.85	全国	周玉荣等，2000
草地	0.19	汶川	彭怡等，2013
水体/湿地	1.23	全国	王绍强和周成虎，1999
建设用地	0		
未利用地	0		

4）不同土地类型土壤碳密度值数据

土壤碳密度一般指地表之下 20～100cm 单位面积上碳储量的平均值。一般为实测值，本书采用文献法对土壤碳密度进行调查，如表 5-5 所示。

表 5-5　不同景观要素土壤碳密度值汇总

景观类型	碳密度/(t/hm²)	研究范围	数据来源
农田	108.4	全国	李克让等，2003
阔叶林	180.4	全国	李克让等，2003
草地	99.9	全国	李克让等，2003
水体/湿地	275.0	全国	郑姚闽等，2013
建设用地	13.8	河南省	杨锋，2008
未利用地	13.2	河南省	杨锋，2008

5.2.2 数据的修正与处理

综合相关文献（陈光水等，2007），生物量碳密度主要受气候、地形地貌、氮沉降、水文条件、林分密度、树种组成等因素的影响；而土壤碳密度主要受土壤类型、土壤呼吸速率、植被覆盖度等因素的影响。

研究区地形平坦，最高处和最低处相差约 10m。海拔在研究区十几年来几乎没有发生变化，局部地形对植被的影响可以忽略不计。

研究区的树种以杨树、刺槐、枣林等为主，可以参照落叶阔叶林的数据；林分密度受气温和降水影响较大，结合相关文献，可以用研究区气温和降水数据进行修正；水文和植被覆盖度也主要受到气温和降水的影响，也可以采用研究区具体的气温和降水对其进行修正。具体如下。

生物量碳密度和土壤有机碳密度都与年降水量呈显著正相关，而它们与年均气温的关系较弱（Raich and Nadelhoffer，1989）；年降水量与生物量碳密度、土壤碳密度的关系可以参考 Alam 等（2013）研究中的公式，年均温与生物量碳密度的关系参考陈光水等（2007）研究中的公式；而年均温与土壤碳密度的关系尚未有详细文献记载，但研究表明气温与土壤碳密度的关系明显低于降水，因此只考虑降水量对土壤碳密度的影响，具体公式如下。

$$C_{SP}=3.3968 \times M_{AP}+3996.1 \tag{5-2}$$

$$C_{BP}=6.798 \times e^{0.054 \times M_{AP}} \tag{5-3}$$

$$C_{BT}=28 \times M_{AT}+398 \tag{5-4}$$

式中，C_{SP} 是根据年降水量得到的土壤碳密度（kg/m²）；C_{BP}、C_{BT} 分别是根据年降水量和年均温得到的生物量碳密度（kg/m²）；M_{AP} 是年均降水量（mm）；M_{AT} 是年均气温（℃）。

将全国和研究区（以中牟县为准）年均温和年均降水数据带入，两者之比就是调整系数。

$$K_{BP}=\frac{C'_{BP}}{C''_{BP}} \tag{5-5}$$

$$K_{BT}=\frac{C'_{BT}}{C''_{BT}} \tag{5-6}$$

$$K_B=K_{BP} \times K_{BT}=\frac{C'_{BP}}{C''_{BP}} \times \frac{C'_{BT}}{C''_{BT}} \tag{5-7}$$

$$K_s=C'_{SP}/C''_{SP} \tag{5-8}$$

式中，K_{BP} 是生物量碳密度降水因子修正系数；K_{BT} 是生物量碳密度气温因子修正系数；K_B 是生物量碳密度修正系数；K_s 是土壤碳密度修正系数；C' 和 C'' 分别是研究区和全国的碳密度数据，由年均温和年降水量数据带入式（5-2）～式（5-4）计算得到。

根据《2006 年 IPCC 国家温室气体清单指南》，关于地上部分碳密度和地下部分碳密度都可以依照一定的比值确定。例如，以森林为例，对落叶阔叶林而言，地上部分生物量<75t/hm^2，则根茎比取值为 0.46；地上部分生物量为 75～150t/hm^2，则根茎比取值为 0.23；地上部分生物量>150t/hm^2，则根茎比取值为 0.24。

死亡有机质主要是指陆地植物的枯枝落叶和死木，根据《2006 年 IPCC 国家温室气体清单指南》，死亡有机质碳密度一般根据死亡有机质生物量与地上部分生物量比值和生物量-碳的转换率（碳比例）计算得到。因此，死亡有机质碳密度可近似地认为和地上部分生物量呈正相关。例如，IPCC 将死亡有机质细分为死木和枯枝落叶，其中，死木的生物量-碳的转换率为 0.5，枯枝落叶的生物量-碳的转换率为 0.4。因此，根据地上部分生物量的调整系数可以对其进行调节。

研究区的新增水面是人为新增，人为新增水面最开始的碳密度以 0 值记，取 0 值和文献中水体/湿地碳密度的平均值对研究区的水体/湿地的各种碳密度进行修正。经修正后，得出的研究区 4 种碳密度值如表 5-6 所示。

表 5-6 研究区碳密度值 （单位：t/hm^2）

土地利用类型	地上部分碳密度	地下部分碳密度	死亡有机质碳密度	土壤碳密度
农田	5.27	1.04	0	89.60
林地	25.73	11.87	5.41	149.10
水域	1.70	3.00	0.56	113.60
建设用地	0	0	0	11.40
未利用地	0	0	0	10.90

对 5 种景观类型的碳密度分析制图，如图 5-1 所示。

由图 5-1 可知，研究区固碳能力最强的是林地，达到 192.11t/hm^2；其次是水域和农田，分别为 118.86t/hm^2 和 95.91t/hm^2；建设用地和未利用地固碳能力最弱，分别为 11.4t/hm^2 和 10.9t/hm^2。

5.2.3 碳储量服务量化及制图

将 4 种碳库数值和前期 4 个时期景观类型的栅格数据作为基础数据输入 InVEST 模型的 Carbon 模块中运算得出三个时期的单位碳储量分布，如图 5-2 所示。

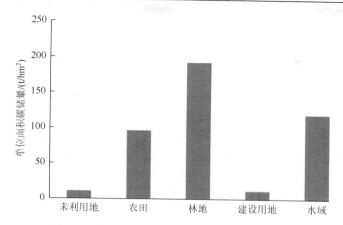

图 5-1 研究区不同景观要素的单位面积碳储量

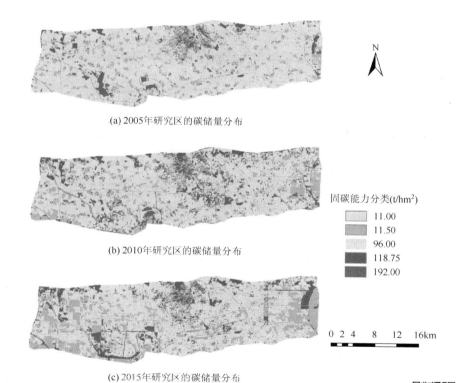

图 5-2 2005 年、2010 年和 2015 年研究区单位面积的碳储量分布

随后，采用 ArcGis10.0 中的空间统计工具，将研究区三个时期的碳储量进行汇总、制图，如图 5-3 所示。

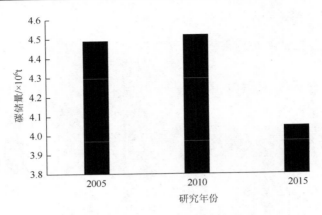

图 5-3 研究区 2005~2015 年碳储量变化

研究区整体处于下降趋势，从 2005 年到 2015 年，下降了约 $3.9×10^5$t，2010 年略有起伏，比 2005 年高 $3×10^4$t，达到了 $4.52×10^6$t。

对研究区 2005~2015 年不同景观要素的碳储量贡献分析、制图，如图 5-4 所示。

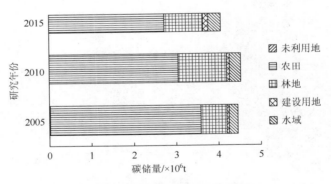

图 5-4 不同景观要素的碳储量值

研究区 2005~2010 年碳储量，其上升主要表现在林地碳储量的增长，林地是研究区固碳能力最强的景观要素，与其他几种景观要素相比，小面积林地的增加就会带来大幅度的碳储量增加。2005~2010 年，林地的面积从 $3216hm^2$ 上升到 $5873hm^2$，面积增加了 82.6%，导致这一时段研究区碳储量大幅度增长，达到研究时段的顶峰；农田缩小面积虽然大于林地增加面积，但是由于林地的高固碳能力，研究区碳储量总体增加。而对于水域、建设用地和未利用地，由于其面积变化较小或者景观类型碳储量较低，在这一时期对总体碳储量几乎没有影响。同样，研究区 2010~2015 年碳储量降低的主要原因是碳储量较高的林地和农田面积减少。

研究区 2005～2015 年的碳储量总体处于下降趋势,即固碳的生态系统服务价值降低。碳储量的变化主要与农田、林地和水域相关较大,与建设用地和未利用地相关度较低。

对研究区 2005～2015 年景观要素的固碳百分比进行对比分析,如图 5-5 所示。

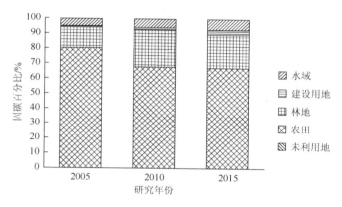

图 5-5　不同景观要素的碳储量贡献值

农田固碳能力属于中等,但是因为其面积较大,所以在研究区三个时期,其碳储量仍占主导作用;林地的面积属于中等,但是其单位面积固碳能力较强,所以在三个研究期对碳储量的贡献占了次要地位;水域的固碳能力相对较强,但是由于其面积不占优势,因此在三个研究期中碳储量都不占优势;建设用地虽然面积较大但是其固碳能力太低,因此在三个时期对碳储量几乎没有影响;未利用地的面积和固碳能力都比较弱,在整个研究期对碳储量影响甚微。

对研究区 2005～2015 年不同景观要素的面积比和固碳百分比进行对比、统计制表,结果如表 5-7 所示。

表 5-7　不同景观要素的固碳百分比和面积百分比(%)

年份和类型	未利用地	农田	林地	建设用地	水域
2005 年固碳百分比	0.15	80.18	13.94	1.11	4.63
2005 年面积百分比	1.25	79.03	6.84	9.21	3.67
2010 年固碳百分比	0.14	67.27	25.20	1.70	5.69
2010 年面积百分比	1.20	67.40	12.49	14.32	4.59
2015 年固碳百分比	0.08	66.92	22.44	3.16	7.41
2015 年面积百分比	0.64	60.12	10.06	23.82	5.36

对三个时期不同景观要素的面积百分比和固碳百分比分析后得出：农田在研究区的面积比和固碳比相对比较稳定，只要保证农田面积不发生剧烈变化，对整体固碳能力就不会产生大的变化。林地面积比和碳储量比的值相差较大，但碳储量增长速度高于林地面积增长速度，同时林地是固碳能力最强的景观类型，因此林地面积的变化会大幅度影响研究区碳储量的变化。建设用地面积比和碳储量比相差加大，建设用地的大幅度增长并不能带来碳储量的增加，因此增加研究区的碳储量，不要考虑建设用地的面积。水域面积比和碳储量比也相对比较稳定，基本面积比和固碳比在整体比例中处于比较类似的正相关。未利用地面积比最小，碳储量比也最小，不是影响碳储量的主要因素。

5.2.4 碳储量服务管理建议

结合前文分析，对碳储量生态系统服务的管理有以下两个结论。

（1）从景观要素角度分析，提高研究区碳储量，首先要增加林地面积，其次是提高水域和农田面积，而建设用地和未利用地面积变化对此影响不大。研究区农田的面积只要不发生大的变化，整个研究区的固碳量就不会发生大的变化，即农田景观是本区域内维持碳储量生态系统服务的主导景观类型。

（2）从生态过程角度出发，提高碳储量生态系统服务，主要是提高四大碳库储量：地上生物碳储量、地下生物碳储量、土壤碳储量和枯枝落叶碳储量，简单来讲是生物量碳储量和土壤碳储量。生物量碳密度主要受气候、地形地貌、氮沉降、水文条件、林分密度、树种组成等因素的影响，可以通过加大种植密度，丰富种植层次，甚至更换树种等方式来提高；而土壤碳密度主要受土壤类型、土壤呼吸速率、植被覆盖度等的影响，对其碳储量提高可以采取增加植物覆盖度，以及农耕、灌溉、改良土壤的呼吸速率等方式实现。

5.3 生境质量服务评价

生境指的是生物的个体、种群或群落生活的环境，是生物生存的基础条件，也是生物多样性存在的场所。研究区景观格局的变化持续对研究区的生境产生影响，而生境的破坏也会导致多种生态系统服务的退化，甚至消失，会对人类福祉产生重要影响（范玉龙等，2016）。因此，对生境的研究在快速城市化发展的今日趋重要。本书采用 InVEST 模型中的 Habitat Quality 模块对研究区进行生境质量评价。

具体对生境的研究主要分三个部分：生境质量指数（生境类型给生物提供持续生存的环境的能力）、生境退化指数（生境类型对生态威胁因子的敏感程度）、生境稀缺性指数(研究区生态环境整体质量的好坏及生境受威胁的程度)。本研究采用 Tallis 等的方法从宏观角度(不涉及具体物种)对研究区生境变化进行研究(Tallis et al., 2013)。

5.3.1 生境评价方法

生境评价模块运算以栅格数据作为基本评价单元,三个研究时期采用的栅格大小均为 20m×20m。Habitat Quality 模块的计算原理如下。

1)生境质量指数

InVEST 生境质量模型根据研究区的景观类型敏感性和外界威胁强度计算得到生境质量指数,然后进行生境质量指数制图,得出生境质量评估结果。其具体计算公式如下。

$$Q_{xj} = H_j - H_j \times \frac{D_{xj}^z}{D_{xj}^z + k^z} \tag{5-9}$$

式中,Q_{xj} 是土地利用类型 j 中栅格 x 的生境质量;D_{xj} 是土地利用类型 j 中栅格 x 受胁迫水平;k 为半饱和常数,通常取 D_{xj} 最大值的一半;H_j 为土地利用类型中生境 j 的生境适合性,当仅从宏观角度研究生境而不涉及物种时,常采用二分法定义 H_j 值;z 为归一化常数,一般取值为 2.5。其中,

$$D_{xj} = \sum_{r=1}^{R} \sum_{y=1}^{y_r} \left(\frac{W_r}{\sum_{r=1}^{R} W_r} \right) r_y i_{rxy} \beta_x S_{jr} \tag{5-10}$$

式中,R 是生境胁迫因子;y 是生境胁迫因子 r 栅格图层的栅格数;y_r 是生境胁迫因子所占栅格数;W_r 是胁迫因子的权重,表明某一胁迫因子对所有生境的相对破坏程度,取值为 0~1;r_y 是栅格 y 的胁迫因子值(0 或 1);i_{rxy} 是栅格 y 的胁迫因子值 r_y 对生境栅格 x 的胁迫水平;β_x 是栅格 x 的可达性水平,取值为 0~1,1 表示极容易到达;S_{jr} 是生境类型 j 对胁迫因子 r 的敏感性,取值为 0~1,该值越接近 1,表示越敏感。

i_{rxy} 可由下式得到。

$$i_{rxy} = 1 - \frac{d_{xy}}{d_{r_{\max}}} \tag{5-11}$$

式中,d_{xy} 是栅格 x 与栅格 y 之间的直线距离;$d_{r_{\max}}$ 是胁迫因子 r 的最大影响距离。

2)生境退化指数

生境退化指数表示生境的退化程度,一般与研究区生境中各种景观类型的生境威胁因子数量、距离生态威胁因子远近的空间位置,以及威胁因子的敏感程度

等因素相关。生境退化指数的计算公式如下。

$$研究区的生境退化指数 = \sum_{1}^{n}(敏感性分布图层 \times 威胁强度分布图层 \times 权重值)$$
(5-12)

3）生境稀缺性

生境质量指数和生境退化指数能够反映出研究区生态环境整体质量的好坏及生境受威胁的程度。但如果为进一步分析研究区生境资源的变化程度，确定生境重点保护区域，以及制定保护区政策等，需要对生境稀缺性进行深入研究。InVEST模型中的生境稀缺性评价也是在 Habitat Quality 模块中进行。

生境稀缺性的高低反映了研究区生境斑块的破碎化程度和生态稳定性。生境稀缺性的分值越高，表明该生境范围内景观变化越频繁，生态结构和功能越不稳定，生态环境遭到破坏的可能性也更大。此类生境遭到破坏，极有可能出现周边生境斑块质量和生态环境水平下降的状况。因此，此类生境应进行重点保护，以维持其生态稳定，防止其面积的进一步扩大。

5.3.2 评价参数设定

1. 威胁因子的设定

结合前文所述，人为影响是研究区景观格局变化的主要原因，研究区的建设用地和农田是人为影响的主要区域，结合相关研究，本书将农田和建设用地作为对生境造成威胁的因子图层。农田属于半自然生境，其威胁因子权重相对建设用地较低。威胁因子影响距离的设定一般根据威胁因子属性和经济发展等因素确定。权重取值为 0~1，在权重的具体赋值中，建设用地权重较高，自然用地权重较低，半自然生境位于两者之间。影响因子的衰减方式一般有两种：单一性功能区和规则性功能区采用线性衰减比较多，复合型和不规则型景观采用指数衰减比较多。查阅相关资料（肖明，2011；朱敏，2012；吴季秋，2012），结合研究区的实际经济水平，同时参照 InVEST 模型 User's Guide 中的研究成果，对研究区的最大威胁因子距离、因子权重及威胁因子的衰退方式设置如表 5-8 所示。

表 5-8 生态威胁因子属性表

Max_Dist	WEIGHT	THREAT	DECAY
1	1	jsyd	exponential
0.5	0.7	cul	linear

注：Max_Dist 为威胁因子的最大影响距离；WEIGHT 为威胁因子的权重；THREAT 为研究区的威胁因子；DECAY 为威胁因子的随距离衰减方式

2. 威胁因子制图

采用表 5-8 的数据,利用 ArcMap 10.0 平台,对 2005 年、2010 年和 2015 年三个时期的威胁因子进行制图,如图 5-6～图 5-8 所示。三个时期的威胁因子图层作为后期生境质量评价的基础数据。

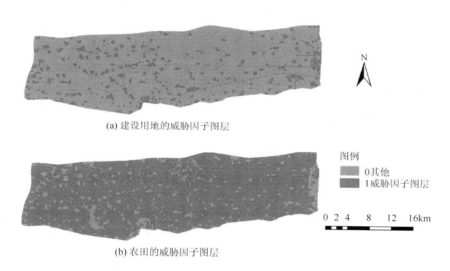

图 5-6　2005 年研究区的威胁因子图层

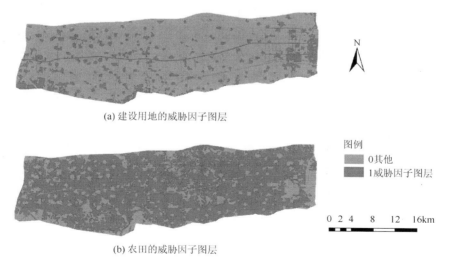

图 5-7　2010 年研究区的威胁因子图层

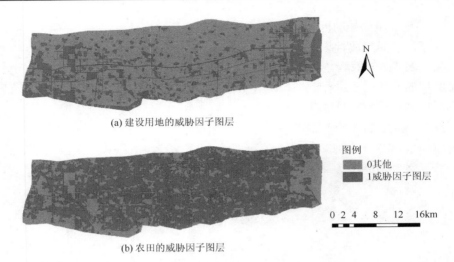

(a) 建设用地的威胁因子图层

(b) 农田的威胁因子图层

图 5-8 2015 年研究区的威胁因子图层

3. 生境类型对生态威胁因子的敏感度设置

每一种景观要素受威胁的敏感度是不同的,查阅相关文献(沈清基等,2011),同时结合 Habitat Quality 中 Use's Guide 中的生态威胁因子划分标准(取值为 0～1,自然景观类型取值较高,而人为景观取值较低)。对不同景观要素对威胁因子的敏感度进行赋值,如表 5-9 所示。

表 5-9 不同景观要素对生态威胁因子的敏感度

LULC	NAME	HABITAT	L_jsyd	L_cul
1	wa	0.9	0.8	0.7
2	ul	0.1	0.1	0.1
3	jsyd	0	0	0
4	forest	0.8	0.7	0.5
5	cul	0.3	0.4	0.3

注:LULC 为不同景观类型的代码;NAME 为不同土地类型的名称;HABITAT 为不同景观类型的生境适宜性取值;L_jsyd 和 L_cul 为不同景观类型对建设用地和农田的敏感度取值;wa 为水域;ul 为未利用地;jsyd 为建设用地;forest 为林地;cul 为农田

5.3.3 生境评价结果

研究区三个时期的数据如下。

(1) 2005 年数据:2005 年 20m×20m 的景观格局栅格数据(Current Land

cover）；2005 年的威胁因子图层 cul 和 jsyd；威胁因子属性表；不同景观类型对威胁因子的敏感度属性表。

（2）2010 年数据：2010 年 20m×20m 的景观格局栅格数据；2010 年的威胁因子图层 cul 和 jsyd，将其置于同一文件夹下。

（3）2015 年数据：2015 年 20m×20m 的景观格局栅格数据；2015 年的威胁因子图层 cul 和 jsyd，将其置于同一文件夹下。

将研究区三个时期的数据进行整理，然后输入 InVEST 模型中的 Habitat Quality 模块进行运算，得出生境质量、生境退化程度和生境稀缺性结果。

1. 生境质量评价

生境质量评价的结果是 2005 年、2010 年、2015 年三个时期的生境质量图。为便于展示生境质量的具体变化程度，将三个时期生境质量由低到高在 GIS 平台下分为三个区间：差（0~0.20），中（0.21~0.55），好（0.56~0.90）。具体如图 5-9 所示。

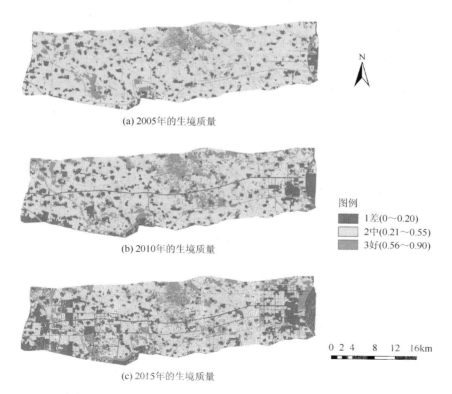

(a) 2005年的生境质量

(b) 2010年的生境质量

(c) 2015年的生境质量

图 5-9　2005 年、2010 年和 2015 年研究区的生境质量分布图

生境值越接近 1，表明生境质量越高；生境值越接近 0，表明生境质量越差。由图 5-9 可见，研究区生境差的地段一般以建设用地为主，而生境好的地段以林地和水域为主，以农田为主的生境质量介于两者之间。研究区 2005 年、2010 年、2015 年具体的生境质量面积分析如表 5-10 所示。

表 5-10　2005 年、2010 年和 2015 年研究区不同生境质量面积指数

年份	不同生境质量面积指数百分比/%		
	差	中	好
2005	10.46	79.01	10.54
2010	15.50	67.32	17.19
2015	24.48	60.09	15.43

中等质量斑块的面积最大，对整个研究区景观变化的生境质量指数起主导作用。但是中等质量的景观面积却逐年下降，而生境质量中等的景观类型主要以农田为主，这也与前期景观格局分析研究的结果吻合。

生境质量好的景观面积在 2005～2015 年整体上升，但幅度不大，且 2010～2015 年稍有下降。结合前期的景观格局分析，研究区整体生境好的斑块（林地和水体）整体面积变大，但是在 2010～2015 年，斑块的破碎化程度加大了，影响了生境好的景观类型面积的增加。

生境质量差的景观面积逐年增加，这与建设用地面积的增加有直接的对应关系。且 2005～2010 年的增幅小于 2010～2015 年的增幅，也与建设用地面积的增长速度相吻合。

研究区 2005 年、2010 年和 2015 年不同生境质量的面积不一，为对比分析三个时期生境质量变化情况，作者采用折线图进行对比分析，如图 5-10 和图 5-11 所示。

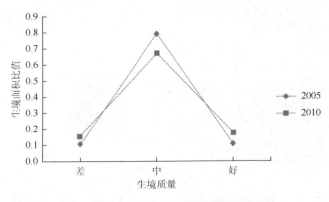

图 5-10　2005 年和 2010 年生境质量对比

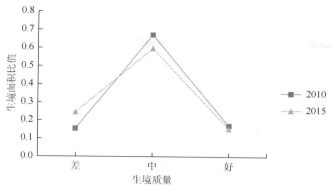

图 5-11　2010 年和 2015 年生境质量对比

由图 5-10 可知，2005 年生境质量折线大部分位于 2010 年生境质量折线之上，即 2005 年比 2010 年生境好的景观面积大于 2005 年比 2010 年生境差的面积。因此，2005 年的生境整体好于 2010 年。

由图 5-11 可知，2010 年的生境质量折线大部分位于 2015 年生境质量折线之上，即 2010 年比 2015 年生境好的面积大于 2010 年比 2015 年生境差的面积。因此，2010 年的生境整体好于 2015 年。

综上分析，可以得出 2005 年生境质量＞2010 年生境质量＞2015 年生境质量。

为获取生境质量变化速率，对三个时期生境质量变化进行两两之间的面积制图分析，如图 5-12 和图 5-13 所示。

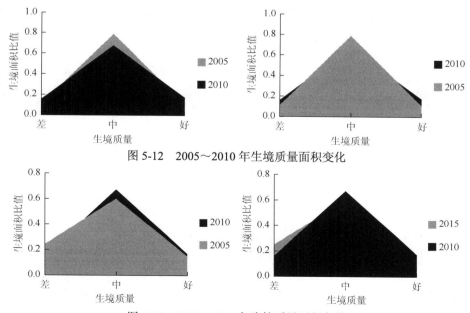

图 5-12　2005～2010 年生境质量面积变化

图 5-13　2010～2015 年生境质量面积变化

对图 5-12 和图 5-13 的交叉面积进行计算，2005 年和 2010 年的交叉面积大于 2010 年和 2015 年的交叉面积。即在同等的时间间隔下，2005 年到 2010 年的生境质量下降速度较快。

总体生境质量变化如图 5-14 所示。

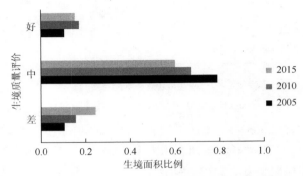

图 5-14 研究区三个时段生境质量对比

经过分析，得出研究区三个时段的生境质量研究结论如下。

1）生境质量逐时期下降

2005 年生境质量＞2010 年生境质量＞2015 年生境质量。

2）生境质量下降速度变小

2005～2010 年生境质量降低速率＞2010～2015 年生境质量降低速率。

2. 生境退化程度评价

生境退化程度分值的高低反映了该地利用类型在当前的保护程度下，受到人为威胁因子影响程度的大小。该栅格区域的分值越高，表明该区域受人为威胁因子的影响越大，生境退化程度越高。生境退化的分值首先反映了栅格在空间上与威胁因子之间空间联系的紧密度，更重要的是该分值反映了栅格区域潜在的生境破坏与生境质量下降的可能性大小。

生境退化指数是和前文数据输入计算后一并得到的，生境退化指数制图如图 5-15 所示。

深色代表退化值低的区域，白色代表退化值高的区域。从三个时期生境退化值的分布范围上分析，2005～2015 年，生境退化值逐渐增大，即个别区域生境退化逐渐严重。其中，2005 年的生境退化值最高为 0.34，2010 年为 0.38，最后到 2015 年的 0.46；从生境退化值的总体程度上来看，整体生境退化值比较低，都在 0.5 以下，即整体生境退化程度比较低。结合对景观格局的分析，研究区主要用地类型为农田和建设用地，这两种用地的性质决定其生境退化程度不会太大。综上所述，生境整体退化但幅度不大，局部区域退化程度严重。

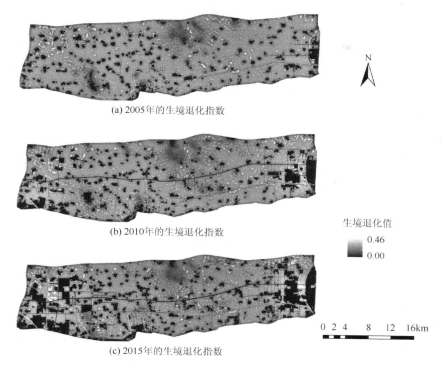

图 5-15 2005 年、2010 年和 2015 年研究区的生境退化指数

为进一步分析生境退化程度,将研究区生境退化程度细分为 5 个等级:基本无退化(0~0.10),轻度退化(0.11~0.20),中度退化(0.21~0.30),高度退化(0.31~0.40),严重退化(0.41~0.50)。将其制图后,结果如图 5-16 所示。

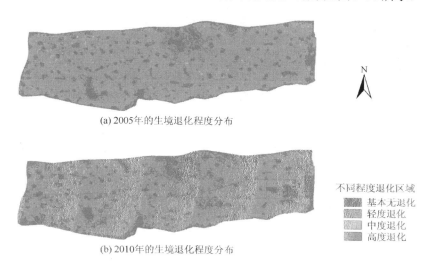

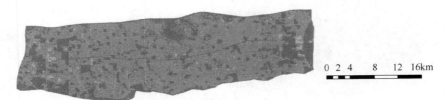

(c) 2015年的生境退化程度分布

图 5-16　2005 年、2010 年和 2015 年研究区的生境退化程度分布图

将三个时期细分的生境退化程度分布图在 GIS 平台支持下进行统计量化，如表 5-11 所示。

表 5-11　研究区生境退化面积占总面积的比值

年份	退化面积占总面积的比值/%				
	基本无退化	轻度退化	中度退化	高度退化	严重退化
2005	23.07	74.62	2.09	0.23	0.00
2010	30.36	66.29	3.11	0.29	0.00
2015	33.59	60.99	4.88	0.54	0.01

对比 2005 年和 2010 年的生境退化程度：除轻度退化和严重退化外，2010 年其他类型退化面积都高于 2005 年。同样，将 2010 年和 2015 年的生境退化程度进行对比分析，除轻度退化外，2015 年其他类型退化面积都高于 2010 年。另外，从退化程度上来分析，退化程度相对高的类型（中度退化、高度退化、严重退化）都发生在 2015 年。由此可见，在整个研究期，整体生境质量逐渐退化，即规划实施以后，生境质量逐渐下降；从退化程度上分析，除了轻度退化外，每一种退化面积都随着退化程度的增大而加大。

对三个时段的退化幅度进行制图分析，如图 5-17 和图 5-18 所示。

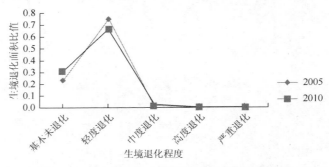

图 5-17　2005～2010 年研究区的生境退化面积图

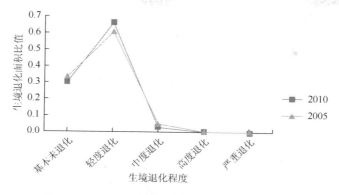

图 5-18 2010~2015 年研究区的生境退化面积图

2005 年的生境退化线大部分区域都在 2010 年之上,说明 2005 年的生境退化幅度大于 2010 年。

同样,2010 年的生境退化线大部分在 2015 年之上,说明 2010 年的生境退化幅度大于 2015 年。

综上所述,在整个研究期,生境逐渐退化;从退化幅度上分析,2005 年的退化幅度＞2010 年的退化幅度＞2015 年的退化幅度;从退化程度上分析,退化程度高的区域随时间退化加剧。研究区的生境几乎无退化的区域,一般以建设用地为主,建设用地原本生境质量就很差,退化的空间也比较小;生境退化程度低的区域以研究区的农田为主,农田属于半自然生境,在整个研究期,虽然破碎化程度加大,周边建设用地增加,但由于农田面积尚未发生颠覆性变化,因此其退化程度相对较低;退化程度较高的区域,主要以林地转建设用地、水域转建设用地区域为主,这些原本生境质量较高的地区一旦转为建设用地,将带来生境质量的严重退化。

3. 生境稀缺性评价

InVEST 模型对生境稀缺性的分析是建立在一个基本时期基础上的,两两时期比较得到。因此,将 2005 年设为研究区基本时期,2010 年生境稀缺性可与其对比得到;同样以 2010 年为基本时期,得到 2015 年生境稀缺性情况。生境稀缺性是一个范围值,根据计算结果,本研究区两个时段的生境稀缺性数值分布在 $-0.8 \sim 0.5$。为便于分析,将生境稀缺性由低到高设定为 4 个等级,等级 1(生境稀缺性值＜-0.8)、等级 2($-0.8 \leq$生境稀缺性值＜-0.5)、等级 3($-0.5 \leq$生境稀缺性值＜0)和等级 4(0≤生境稀缺性值＜0.5),具体如图 5-19 所示。

研究区两个时期生境稀缺性数值都比较低,为 $-0.82 \sim 0.47$,说明研究区两个时段的生态状况比较稳定。另外,研究区生境稀缺性最低值和最高值相差不

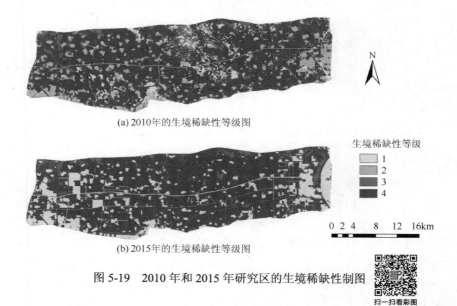

图 5-19 2010 年和 2015 年研究区的生境稀缺性制图

大,说明在本研究期内,尚未出现颠覆性的生态结果。2010 年的生境稀缺性数值从 –0.82 上升至 2015 年的 –0.67,而最高值也从 2010 年的 0.15 上升至 0.46,说明研究区生境稀缺性数值不断提高,即研究区的生境受破坏程度不断提高。结合景观格局分析,研究区以农田和建设用地为主的景观类型,其生境质量指数本来就很低,虽然后期建设用地急剧增加,结合景观破碎化的影响,导致生境质量变差,但大的农业景观背景在研究区尚未发生改变。因此,生境稀缺性数值虽有上升,但整体较低。

研究区 2015 年缺乏第二种图层,并不是此类型景观斑块消失了,而是随着生境稀缺性的提高,原本较低的生境稀缺性景观斑块变成了较高的生境稀缺性斑块,跨过了设定的等级阈值。

研究区的第四种景观类型基本以农田景观为主,其生境稀缺性数值最高,说明研究区农田受破坏程度最大,这也与前文景观格局分析的结论吻合。其次是水域和林地等景观要素,它们的生境稀缺性也相对比较高。但它们的生境稀缺数值没有农田高的主要原因是,后期的人工林和人工水体营建较多。

对生境稀缺性分布的面积进行量化制表,结果如表 5-12 所示。

表 5-12 不同生境稀缺性类型的面积(%)

不同年份面积	1 类	2 类	3 类	4 类
2010 年的面积	12.52	14.32	4.59	68.57
2015 年的面积	23.85	0	5.37	70.78

生境稀缺性高的类型即第三类和第四类基本以 2015 年为主，即 2010～2015 年生境稀缺性高的生境受破坏程度大于 2005～2010 年。这是由于自然和半自然的景观如林地、水域、农田的受破坏程度较大，也与前文景观格局分析的结果相吻合；而生境稀缺性低的区域以 2010 年为主，说明 2005～2010 年生境稀缺性低的区域变化幅度小于 2010～2015 年的区域。结合景观格局分析，这一部分主要以建设用地为主，建设用地的生境属性对景观格局和生态过程的变化不敏感。

采用雷达图对两个时期生境稀缺性进行整体评价，如图 5-20 所示。

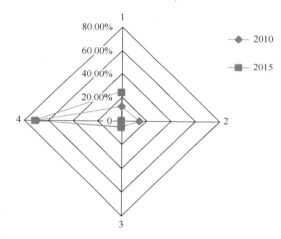

图 5-20　2010 年和 2015 年研究区的整体生境稀缺性对比

从图 5-20 明显可见，2015 年生境稀缺性的面积略大于 2010 年，即 2010～2015 年的生境稀缺性程度呈上升趋势。因此，随着时间的发展，决策部门对生境的保护投入应该加大。

4. 生境质量服务管理建议

（1）对研究区生境质量进行保护，应优先保护生境稀缺性程度高的区域。农田在整个研究区所占面积最大，是研究区生态环境的基础，在研究期受破坏程度最大，生境稀缺性最高，因此在制定土地利用政策时应该优先保护农田，其次是保护研究区的水域（坑塘、水渠）和林地，而建设用地和未利用地的生境稀缺性较低。

（2）由于景观类型单位生境质量数值的不一致性，在提高生境质量时，可以优先提高生境质量高的景观类型面积，如水域和林地，其次是农田，最后是未利用地和建设用地。

5.4 景观文化服务评价

5.4.1 景观文化评价

生态系统的文化服务是生态系统服务的重要组成部分（董连耕等，2014）。目前认为生态系统的文化服务包含灵感获取、教育价值、美学价值、游憩价值等10个方面的内容（Sherrouse and Semmens，2012）。

生态系统文化服务最大的特征就是它的无形性，具体表现在两个方面：一是生态系统文化服务产生和获取的主观性。例如，人们从生态系统中获取了知识、得到了快乐等，大都是主观的感受，很难用具体的数据进行客观描述。二是服务过程的非消耗性，同种生态系统可以给多种人提供文化服务，但是在提供的过程中，这种生态系统不一定像供给服务等会变弱消失。因此，也不能以消耗的方式用一些替代价值来核算。

正是因为生态系统文化服务的无形性导致该服务一直未受到应有的重视。实际上，生态系统文化服务在某种程度上比其他一些服务更为重要。例如，以湿地的生境服务和文化服务进行比较，湿地对生态环境的贡献很大，但是如果没有文化服务对湿地生态效益进行传播，大量湿地不一定会得到及时保护。另外，湿地文化服务带来的大量经济效益（旅游食宿、门票等收入）也为保护湿地生态系统服务提供了资金支持。

同样也是生态系统文化服务的无形性，导致对其客观的量化非常困难。但从服务对象角度分析，生态系统文化服务的价值反映在人类行动中，可以从人的主观角度进行度量（Daniel et al.，2012）。研究区有快速城市化发展中建设的公园，如绿博园和方特欢乐园等；也有城市郊区大量的农业采摘园、农家乐饭店等；也有一些自然的池塘、人工湖泊、自然绿地等。本书从人的角度出发，采用谢高地等（2015）的生态系统服务的动态当量因子法对研究区的生态系统文化服务进行评估。

早在2003年，谢高地等构建了一种基于专家知识的生态系统服务价值评估方法。这种方法以设定生态系统服务价值当量为基础，并在全国等大尺度的生态系统服务评估中进行应用。随后，很多学者也采用这种方法对多种尺度的生态系统服务进行了评价，同时根据各区域的情况采取了一些地区调整系数。但随着研究的深入，很多学者发现，动态当量因子法仅是一种静态的评估方法，不足以反映生态服务在时间和空间上的动态变化，限制了其评估的应用性（Yu and Bi，2011；李士美，2010）。因此，谢高地等（2015）结合各类文献资料和生物量时空分布数据等，对动态当量因子表进行了重新修订和补充，建立了一个更为全面和相对客观的评估方法——动态当量因子法。表 5-13 为谢高地等重新定义的中国 2010 年单位面积的生态系统服务价值当量,根据动态当量因子法,具体每一年的生态系统服务当量还需要结合研究区的实际情况(时间和生物量)进行修正。

表 5-13 中国 2010 年单位面积的生态系统服务价值当量

生态系统分类		供给服务			调节服务				支持服务			文化服务
一级分类	二级分类	食物生产	原料生产	水资源供给	气体调节	气候调节	净化环境	水文调节	土壤保持	养分循环	生物多样性	美学景观
农田	旱地	0.85	0.40	0.02	0.67	0.36	0.10	0.27	1.03	0.12	0.13	0.06
	水田	1.36	0.09	-2.63	1.11	0.57	0.17	2.72	0.01	0.19	0.21	0.09
森林	针叶	0.22	0.52	0.27	1.70	5.07	1.49	3.34	2.06	0.16	1.88	0.82
	针阔混交	0.31	0.71	0.37	2.35	7.03	1.99	3.51	2.86	0.22	2.60	1.14
	阔叶	0.29	0.66	0.34	2.17	6.50	1.93	4.74	2.65	0.20	2.41	1.06
	灌木	0.19	0.43	0.22	1.41	4.23	1.28	3.35	1.72	0.13	1.57	0.69
草地	草原	0.10	0.14	0.08	0.51	1.34	0.44	0.98	0.62	0.05	0.56	0.25
	灌草丛	0.38	0.56	0.31	1.97	5.21	1.72	3.82	2.40	0.18	2.18	0.96
	草甸	0.22	0.33	0.18	1.14	3.02	1.00	2.21	1.39	0.11	1.27	0.56
湿地	湿地	0.51	0.50	2.59	1.90	3.60	3.60	24.23	2.31	0.18	7.87	4.73
荒漠	荒漠	0.01	0.03	0.02	0.11	0.10	0.31	0.21	0.13	0.01	0.12	0.05
	裸地	0.00	0.00	0.00	0.02	0.00	0.10	0.03	0.02	0.00	0.02	0.01
水域	水系	0.80	0.23	8.29	0.77	2.29	5.55	102.24	0.93	0.07	2.55	1.89
	冰川积雪	0.00	0.00	2.16	0.18	0.54	0.16	7.13	0.00	0.00	0.01	0.09

谢高地等的动态当量因子法将单位面积农田粮食生产的净利润作为 1 个标准当量。农田生态系统的粮食产量价值主要依据稻谷、小麦和玉米三大粮食主产物计算。其计算公式如下:

$$D = S_r \times F_r + S_w \times F_w + S_c \times F_c \tag{5-13}$$

式中,D 是 1 个标准当量的生态系统服务价值量(元/hm²);S_r、S_w 和 S_c 分别是研究年份全国稻谷、小麦和玉米的播种面积占三种作物播种总面积的百分比;F_r、F_w 和 F_c 分别是研究年份全国稻谷、小麦和玉米的单位面积平均净利润(元/hm²)。

结合动态当量因子的计算方法,作者利用河南省数据,对上述公式进行修正。重新定义参数如下:S_r、S_w 和 S_c 分别表示具体研究年份河南省稻谷、小麦和玉米的播种面积占三种作物播种总面积的百分比;F_r、F_w 和 F_c 分别表示具体研究年份河南省稻谷、小麦和玉米的单位面积平均净利润(元/hm²)。河南省的相关数据主要来自《河南省统计年鉴》《全国农产品成本收益资料汇编》《中牟县统计年鉴》

等相关资料。具体数据如表 5-14 和表 5-15 所示。

表 5-14　河南省研究期三种粮食作物的面积比

年份	三种主要农作物面积比例/%		
	稻谷（S_r）	小麦（S_w）	玉米（S_c）
2005	6.53	62.38	31.09
2010	6.97	60.01	33.01
2015	6.96	58.26	34.78

表 5-15　河南省研究期三种粮食的单位面积平均净利润（单位：元/hm²）

年份	稻谷（F_r）	小麦（F_w）	玉米（F_c）
2005	6254.6	4655.4	3029.6
2010	6840.9	3085.2	3497.1
2015	6168.9	2112.0	1288.8

将表 5-14 和表 5-15 数据带入式（5-13），得出 2005 年、2010 年和 2015 年的价值当量（D），如表 5-16 所示。

表 5-16　河南省 2005 年、2010 年和 2015 年生态系统服务的价值当量

项目	年份		
	2005	2010	2015
D/(元/hm²)	4254.425	3482.974	2108.066

结合谢高地等于 2015 年提出的单位面积文化生态系统服务价值当量，以及研究区三个时期不同的景观要素面积对研究区三个时段的景观美学价值进行计算，结果如表 5-17 所示。

表 5-17　不同时期景观要素的美学价值　　　　（单位：元）

景观类型	不同年份的景观美学价值		
	2005	2010	2015
未利用地	25 101	19 679	6 345
农田	9 483 879	6 622 057	3 574 943
林地	14 503 165	21 682 669	10 569 421
建设用地	0	0	0
水域	13 870 489	14 199 035	10 032 328
合计	37 882 634	42 523 439	24 183 038

以表 5-17 的数据为依据，进行不同景观要素对美学价值的贡献百分比制图和三个时期不同景观要素的面积百分比制图分析，如图 5-21 和图 5-22 所示。

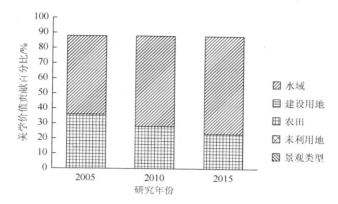

图 5-21　研究区三个时期景观类型对美学价值的贡献百分比

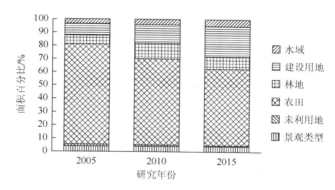

图 5-22　研究区三个时期景观类型的面积百分比

农田面积基数最大，但由于其单位面积的景观美学价值较低，因此农田景观美学价值在研究区不占优势。水域和林地的面积在三个时期都属于比较低，但是由于其单位面积的景观美学价值比较高，因此它们的景观美学价值在研究区占主要部分。建设用地面积较大，但本区几乎没有特色的建筑形式，故将其文化价值设置为零。未利用地单位面积的生态系统服务价值较低，加之其面积很小，在研究区三个时期将其忽略不计。

研究区景观美学价值整体处于下降趋势，2010 年有小的起伏。其原因在于本时期林地和水域面积的大幅度增加，而林地和水域又是当量比较高的景观类型。2015 年整体景观美学价值的降低是由于单位景观美学价值较高的林地、水域和农田的面积都降低。

本研究采用动态当量因子法对研究区的景观美学价值进行了评价。谢高地等于 2015 年重新修订的动态当量因子法，结合了大量的文献数据，其准确度比上一代动态当量因子法有了很大提高。动态当量因子法采用当地具体研究年份的农作物相关数据，从数据源上分析，农作物产量等数据部分反映了当地的气候条件，而当年的农作物价值当量又可以和当年的其他生态系统服务价值匹配。因此，研究结果具有一定的科学性。动态当量因子法忽略了生态系统服务的过程和机理，仅以单位面积景观要素的美学价值为基础数据进行估算，受到了一定的争议。但由于文化服务人为获取的主观性，因此以问卷调查和当地资料为基础的动态当量因子法在景观美学价值评估中仍具有一定的学术意义。

5.4.2 景观文化服务管理建议

由于单位景观美学价值在不同景观要素上的区别很大，因此在对景观美学服务管理中应充分考虑景观要素的差异性。如果要提高研究区的美学价值，应优先提高水域和林地的面积，其次是农田，在没有特色建筑的情况下，建设用地面积越小，景观美学价值越高。

5.5　小麦产量服务评价

5.5.1　小麦产量评价

粮食供给服务是研究区农业景观所承载的最基础的生态系统服务，在城市化过程中，农田是受干扰最严重的景观要素。随着城市化的发展，传统的农业景观逐渐发生变化，农业景观背景下的生态系统服务也随之波动。对于研究区来讲，最为明显的就是粮食供给服务的变化。粮食供给服务的变化对区域农民的生活质量和生活方式影响都很大。城市化的快速发展导致农田的大面积消失，研究区从 2005 年到 2015 年，短短的 10 年间，研究区农田面积从 37 153hm^2 降低到 28 264hm^2，降低了约 24%。研究区人口数量却从 2005 年的 192 353 人增加至 251 477 人，即增加了 30.74%。研究区农业供给服务的承载力到底如何，是一个急需量化的问题。

研究区主要农作物以小麦和玉米为主。玉米在小麦成熟后播种。它们的种植面积基本一致。近几年沿郑开大道两侧局部出现了一些塑料大棚，种植农作物以草莓、西瓜等为主。由于塑料大棚的出现和拆除时间、面积和产量都由当地农民自发组织，具有很大的不确定性，无法对其量化。因此，本研究仅以小麦产量进行生态系统服务评估。考虑到粮食价格的波动性和 CPI 指数的变化性,本研究只进行产量统计,不进行价值换算。

粮食产量最准确的方法就是用研究区的粮食种植面积乘以当时当地的亩[①]产量来计算。以中牟县统计年鉴等相关资料为基础,获取准确的单位面积小麦产量,结合研究区的农田面积进行计算,结果如表 5-18 所示。

表 5-18 研究区三个时段的小麦产量

项目	年份		
	2005	2010	2015
单位产量/(kg/亩)	343.04	394.50	399.00
面积/hm^2	37 153	31 688	28 264
总产量/kg	1.91×10^8	1.88×10^8	1.69×10^8

由表 5-18 可知,虽然研究区的亩产量处于逐年上升趋势,但是由于其整体面积降低了,研究区的小麦产量仍处于下降趋势。

5.5.2 小麦产量服务管理建议

小麦产量取决于农田面积和亩产量。研究区如想要提高小麦产量,第一是增加种植面积,限制研究区大面积的农田面积向其他用地转化;第二是提高单位面积产量,即通过一些水肥管理、农作措施等,提高单位面积产量。

5.5.3 粮食生产可持续发展讨论

研究区小麦供给服务的评价较为简单,但研究中发现的粮食生产可持续性问题却值得人们深思。

1) 研究区粮食供给将来会出现短缺

查阅中牟县人均年小麦消耗量,结合研究区人口进行计算,结果如表 5-19 所示。

表 5-19 研究区的人均粮食消费

项目	年份		
	2005	2010	2015
人均小麦消耗量/kg	143.05	147.90	108.60
研究区人口/人	192 353	235 091	251 477
研究区所需小麦产量/kg	2.75×10^7	3.48×10^7	2.73×10^7

① 1 亩≈666.7m^2

由表 5-19 可知，研究区小麦的产量能远远满足当地人民的需要。但是研究区担负的不仅是区域内居民的粮食需求，更承担着区域周边、全省甚至更大范围的粮食供求任务。随着城市化进程的加快，研究区人口在剧增，而粮食产量却逐时期降低。如果城市化进程继续蔓延，研究区粮食供求将来肯定会出现短缺的情景。这也将是研究区下一步可持续发展应该考虑的问题。

截至 2014 年，我国的粮食生产已经达到了 11 连增（吴撼地，2015），一些粮食类型在某些区域出现阶段性供过于求，实际上也是农业结构调整的机遇。中牟县也开展了很多特色经济作物的种植及农业产业的深加工发展。但随着城市化进程的推进，研究区农田面积的急剧下降是一个不争的事实。我国作为人口大国，如果粮食供应不足，很难通过进口解决吃饭问题。发展多元化农业，必须避免非粮化，城市化也要禁止非农化，不能影响国家的粮食安全。这也是研究区乃至全国决策部门应当注意的问题。

2）农民种粮积极性下降

研究发现，研究区农田的单位净利润处于一个下滑趋势。近年来，随着物价的提高，消费水平和种粮成本的提高，种粮利润在本研究区内大幅下滑。这导致研究区的一部分农田改为经济作物种植，如草莓、西瓜，甚至开挖成坑塘进行鱼类和螃蟹养殖。

从单个家庭的视角，发展农业适度规模经营确实能提高家庭收入，提高生活水平。但从全局考虑，城市化的发展不应当以牺牲粮食产量为代价。目前，粮食产量实现连增，但是我国人口也在增加，关注粮食产量的总值不如关注粮食对人口消费的满足程度。随着城市化进程的加快，农田会大量消失，而粮食单位面积产量提高有限，在人口增长不加以控制的情况下，一旦粮食供需平衡被打破，后果不堪设想。

5.6 本 章 小 结

在景观格局变化的基础上，作者对研究区 4 类生态系统服务在 2000 年、2005 年、2010 年三个时期的变化进行了研究，并提出了管理建议。具体如下。

1）研究区生态系统服务的变化

研究区碳储量整体处于下降趋势，2010 年略有起伏。林地面积、水域面积对研究区的碳储量影响最为显著，由于农田的面积较大，其对碳储量的影响也较大。

研究区的生境质量逐时期下降，2005 年生境质量＞2010 年生境质量＞2015 年生境质量。其中，2005～2010 年生境质量降低速率＞2010～2015 年生境质量降低速率。结合生境稀缺性评价结果，随着时间的发展，决策部门对生境的保护投入应该加大。

研究区景观美学价值整体处于下降趋势，2010年有小幅度的起伏，林地、水域、农田对景观美学价值影响较大。

研究区的小麦亩产量处于逐年上升趋势，但是由于其整体面积的降低，研究区的小麦产量仍处于下降趋势。研究同时发现，粮食生产的利润降低，种粮成本增加，导致农民种粮的积极性降低，使一部分农田由粮食种植转为经济作物种植，甚至导致一部分农田景观转化为其他景观要素。随着城市化的加快，研究区人口逐渐增长，区域粮食安全的平衡正逐渐被打破。

综上所述，研究区 4 类生态系统服务（碳储量、生境、景观美学、小麦产量）在 2005 年、2010 年、2015 年三个时段，局部有波动，整体均处于下降趋势。即研究区城市化进程引起的景观格局变化导致区域相关生态系统服务下降。

2）对研究区 4 类生态系统服务管理的建议

碳储量服务管理建议：从景观要素层面，如果想要提高研究区碳储量，应优先增加林地面积，其次是增加水域和农田面积，而建设用地和未利用地面积变化对碳储量影响不大。从碳储量载体层面，一种方式是通过加大种植密度，丰富种植层次，甚至更换碳储量高的树种等方式来提高生物量碳储量，另一种方式是采取适当的农耕、灌溉等措施，通过提高土壤碳储量的方法来提高研究区碳储量。

生境质量服务管理建议：对研究区生境质量进行保护，应优先保护生境稀缺性程度高的区域。农田在整个研究区所占面积最大，是研究区生态环境的基础，在研究期受破坏程度最大，生境稀缺性最高，因此在制定土地利用政策时，应该优先保护农田，其次是保护研究区的水域（坑塘、水渠）和林地，而建设用地和未利用地的生境稀缺性较低。在提高生境质量时，可以优先提高生境质量高的景观类型面积，如水域和林地，其次是农田，最后是未利用地和建设用地。

美学价值服务管理建议：要想增加美学价值，应优先提高水域和林地的面积，其次是农田，在没有特色建筑的情况下，建设用地面积越小，美学价值越高。

小麦产量服务管理建议：要想提高小麦产量，第一是增加种植面积，限制研究区大面积的农田转化为非农业用地；第二是提高单位面积产量，即通过一些水肥管理、农作措施等，提高单位面积产量。

第6章 生态系统服务之间的关系研究

生态系统服务的机理和量化评价是研究生态系统服务之间关系的基础。地表的生态系统,尤其是相邻近的生态系统,由于生态过程的交叉性等原因,它们之间不可避免会出现各种各样的关系。生态系统服务源自生态系统,因此对生态系统服务进行管理就必须把握生态系统服务之间的关系。

6.1 生态系统服务之间关系的分类框架和定义

国内外学者对生态系统服务的关系研究多限于权衡和协同两个方面。一般认为,权衡(tradeoff)是指一类生态系统服务的供给,由于另外一类生态系统服务供给的增加而减少的状况(Rodríguez et al., 2006; Howe et al., 2014),或者说是两种生态系统服务表现出相反的变化趋势(Moucher et al., 2014);而协同(synergy)是指两种生态系统服务同时增强的情形(李双成等, 2013),或者是表现出相同的趋势(Jopke et al., 2015)。

6.1.1 生态系统服务之间关系的分类框架

由于景观多功能性的存在,一个区域通常包含有两种以上的生态系统服务,将生态系统服务关系的研究对象限制在两种生态系统服务之间已经不能满足科学研究的需要。本书认为生态系统服务之间的关系比较复杂,单独用权衡和协同进行分类,简化了生态系统服务关系研究的范围。本研究将生态系统服务之间的关系按研究对象分为 1vs$N$ 相关和 Nvs$N$(N 代表生态系统服务的个数)相关,按具体关系的类型分为权衡相关、协同相关、单向相关、复合相关和变化相关 5 类。具体分类框架如图 6-1 所示。

图 6-1 生态系统服务之间关系的分类框架

6.1.2 生态系统服务之间关系的定义

这 5 类生态系统服务关系具体定义如下。

1. 权衡相关

权衡相关是指两种或者多种生态系统服务的供给表现出一种相反的趋势，彼此之间相互影响。以 1vs2 相关为例，砍伐沿海红树林进行渔业捕捞带来的供给服务与保存红树林带来的海岸线保护、生境支持属于权衡相关，且它们之间相互影响：加强渔业捕捞获取的供给服务上升，却导致红树林受到破坏引起海岸线保护、生境支持服务的下降；反之，保存红树林引起海岸线保护、生境支持服务的上升，却带来渔业供给服务的下降（Barbier et al.，2008）。

2. 协同相关

协同相关是指两种或者多种生态系统服务的供给表现出一种相同的趋势，同时彼此之间相互影响。以 1vs1 相关为例，在一些区域，湿度保持与林木生长之间属于协同相关（del-Val et al.，2006）。湿度的提高有利于林木生长水平的提高，而林木生长水平的提高也可以增加森林湿度。

3. 单向相关

单向相关是指两种或者多种生态系统服务之间存在着单方面的影响关系。以 1vs1 相关为例，洪水控制服务可以对粮食产量服务产生影响，但粮食产量服务却不能对洪水控制服务产生影响（Kramer et al.，1997）。

4. 复合相关

复合相关是指多种生态系统服务之间存在着两种以上的关系。复合相关是权衡相关、协同相关、单向相关的复合。例如，提高木材产量（森林砍伐）会导致传粉和基因保护服务的下降，它们之间存在权衡的关系；而传粉和基因保护服务之间则存在着协同关系（MA，2005）。

5. 变化相关

变化相关是指生态系统服务之间的关系处于一种变化的状态。从生物多样性保护角度出发，以 1vs1 相关为例，当被捕食者数量比较低的情况下，捕食者的数目会随着被捕食者数目的增长而增长，此时期它们表现出协同相关；但捕食者的数目达到一定水平之后，会限制被捕食者数量的提高，此时期它们表现出来一种权衡相关。

假设某个研究区有 A、B、C⋯多类生态系统服务，根据生态系统服务作用的主体个数，分 1vs$N$（N=1，2，3⋯）和 Nvs$N$（N=1，2，3⋯）两种情况。对前三类关系（权衡相关、协同相关、单向相关）进行制表分析，如表 6-1 和表 6-2 所示。

表6-1 生态系统服务之间 1vs$N$ 的权衡、协同和单向相关关系

生态系统服务间的关系分类		
	权衡相关	（1）生态系统服务A↑，导致生态系统服务B↓；反之，生态系统服务B↑，导致生态系统服务A↓
		（2）生态系统服务A↓，导致生态系统服务B↑；反之亦然
		（3）生态系统服务A↑，导致生态系统服务B、C…↓；反之亦然
		（4）生态系统服务A↓，导致生态系统服务B、C…↑；反之亦然
	协同相关	（1）生态系统服务A↑，导致生态系统服务B↑；反之，生态系统服务B↑，导致生态系统服务A↑
		（2）生态系统服务A↓，导致生态系统服务B↓；反之亦然
		（3）生态系统服务A↑，导致生态系统服务B、C…↑；反之亦然
		（4）生态系统服务B↓，导致生态系统服务A、C…↓；反之亦然
	单向相关	（1）生态系统服务A↑，导致生态系统服务B↓，但生态系统服务B↓不对生态系统服务A产生影响
		（2）生态系统服务A↓，导致生态系统服务B↑，但生态系统服务B↑不对生态系统服务A产生影响
		（3）生态系统服务A↑，导致生态系统服务B、C…↓，但生态系统服务B、C…↓不对生态系统服务A产生影响
		（4）生态系统服务A↓，导致生态系统服务B、C…↑，但生态系统服务B、C…↑不对生态系统服务A产生影响
		（5）生态系统服务A↑，导致生态系统服务B↑，但生态系统服务B↑不对生态系统服务A产生影响
		（6）生态系统服务A↓，导致生态系统服务B↓，但生态系统服务B↓不对生态系统服务A产生影响
		（7）生态系统服务A↑，导致生态系统服务B、C…↑，但生态系统服务B、C…↑不对生态系统服务A产生影响
		（8）生态系统服务A↓，导致生态系统服务B、C…↓，但生态系统服务B、C…↓不对生态系统服务A产生影响

注：↑代表生态系统服务上升；↓代表生态系统服务降低

表6-2 生态系统服务之间 Nvs$N$ 的权衡、协同和单向相关关系

生态系统服务间的关系分类		
	权衡关系	（1）生态系统服务A、B…↑，导致生态系统服务C、D…↓；反之，生态系统服务C、D…↑，导致生态系统服务A、B…↓
		（2）生态系统服务A、B…↓，导致生态系统服务C、D…↑；反之亦然
	协同关系	（1）生态系统服务A、B…↑，导致生态系统服务C、D…↑；反之亦然
		（2）生态系统服务A、B…↓，导致生态系统服务C、D…↓；反之亦然
	单向相关	（1）生态系统服务A、B…↑，导致生态系统服务C、D…↓，但生态系统服务C、D…↓不对生态系统服务A、B…产生影响
		（2）生态系统服务A、B…↓，导致生态系统服务C、D…↑，但生态系统服务C、D…↑不对生态系统服务A、B…产生影响
		（3）生态系统服务A、B…↑，导致生态系统服务C、D…↑，但生态系统服务C、D…↑不对生态系统服务A、B…产生影响
		（4）生态系统服务A、B…↓，导致生态系统服务C、D…↓，但生态系统服务C、D…↓不对生态系统服务A、B…产生影响

注：↑代表生态系统服务上升，↓代表生态系统服务降低

复合相关根据生态系统服务作用主体个数可以分为 1vs$N$（$N>2$）的复合相关和 Nvs$N$（$N>2$）的复合相关。作者以 1vs2 的复合相关为例，进行列表分析，如表 6-3 所示。

表 6-3　生态系统服务之间复合相关（1vs2）的相互关系

生态系统服务间的关系分类		
相互复合相关	（1）	生态系统服务 A↑，导致生态系统服务 C↑D↓；反之亦然
	（2）	生态系统服务 A↑，导致生态系统服务 C↓D↑；反之亦然
	（3）	生态系统服务 A↓，导致生态系统服务 C↑D↓；反之亦然
	（4）	生态系统服务 A↓，导致生态系统服务 C↓D↑；反之亦然
单向复合相关	（1）	生态系统服务 A↑，导致生态系统服务 C↑D↓，但生态系统服务 C↑D↓不对生态系统服务 A 产生影响
	（2）	生态系统服务 A↑，导致生态系统服务 C↓D↑，但生态系统服务 C↓D↑不对生态系统服务 A 产生影响
	（3）	生态系统服务 A↓，导致生态系统服务 C↑D↓，但生态系统服务 C↑D↓不对生态系统服务 A 产生影响
	（4）	生态系统服务 A↓，导致生态系统服务 C↓D↑，但生态系统服务 C↓D↑不对生态系统服务 A 产生影响

注：↑代表生态系统服务上升；↓代表生态系统服务降低

变化相关通常发生在特定的场景中，两种或多种生态系统服务达到一定的条件（生态阈值），它们之间关系会发生转化。一些学者研究的 1vs1 的变化相关如图 6-2 所示。

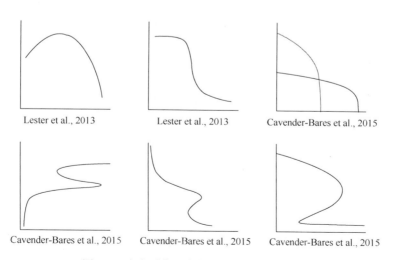

Lester et al., 2013　　　Lester et al., 2013　　　Cavender-Bares et al., 2015

Cavender-Bares et al., 2015　　Cavender-Bares et al., 2015　　Cavender-Bares et al., 2015

图 6-2　生态系统服务之间 1vs1 的变化相关

6.1.3 生态系统服务关系的研究发展方向

随着社会的发展，人们对生态系统服务的要求日益提高（Pergams and Zaradic, 2008）。不同的利益相关者往往单纯从自身角度获得与其相关的生态系统服务收益。例如，过分对生态系统的供给服务（食品、木材等）进行索求，而忽略了因此造成的其他生态系统服务的退化和消失，这也是目前中国，乃至全球环境恶化的一个重要原因。这种问题产生的理论原因之一就是人们忽略了生态系统服务之间的关系。

由于景观多功能性的存在，研究区经常会出现多种生态系统服务关系共同影响的场景。因此，限于两种生态系统服务之间的关系研究已经成为学科发展的障碍。另外，国内外研究中以权衡和协同作为生态系统服务关系的研究形式已经不能满足当前研究的需要。本研究提出了一个基于研究对象数目和具体关系的分类框架，一方面可以加强对生态系统服务关系的理解，另一方面可以为生态系统服务管理提供依据。本研究认为，对生态系统服务关系的研究有以下三个发展方向。

1. 加强生态系统服务簇的研究

生态系统服务簇打破了两种生态系统服务的限制，考虑了研究区多个生态系统服务的影响，可以提高研究的科学性。

2. 使用动态的统一的方法

生态系统服务之间的关系可能会随着环境的变化而变化，应采用动态的、多时段的跟踪研究来提高研究的准确性。另外，生态系统服务间关系的研究缺乏统一的方法和评价准则，导致不同案例研究常常无法对比、总结，这也是将来研究的方向。

3. 加强多场景研究

生态系统服务间的关系可以发生在不同的时间、空间和利益相关者的场景中。不同的场景往往得出不同的研究结果。例如，Raudsepp-Hearne 在加拿大魁北克省研究得出海岸线保护和游憩价值存在协同关系，Dixon 却在荷兰的博内尔岛得出海岸线保护和游憩价值存在权衡关系。因此，生态系统服务间的关系研究必须进行多场景研究。

6.2 生态系统服务之间关系的多时段对比研究

为阐明生态系统服务间的关系，本书以郑汴城市对接区域为例，采用两种方法对研究区的生态系统服务之间的关系进行列述和对比分析,由于数据等原因,我们仅以研究区 1vsN 的协同和权衡关系进行研究。

第一种,采用谢高地等于 2015 年 8 月发表在《自然资源学报》上的"动态生态系统服务当量因子法"对 11 类生态系统服务关系进行分析。

第二种,采用本书第 5 章生态系统服务的评价结果对所选择的 4 类生态系统服务间的关系进行研究。

6.2.1 以动态当量因子法为基础的生态系统服务之间关系的研究

谢高地等曾在 2000 年初期结合相关专家意见,提出了基于生态系统服务价值当量的生态系统服务价值评价方法。但这种方法过于强调专家的主观作用,结果不能反映生态系统服务在不同时空上的动态变化(李士美,2010)。因此,谢高地等对当量因子表进行了重新修订,提出了动态的生态系统服务当量因子法。谢高地等的动态单位当量数值是基于全国当年的三种主要农作物产量和利润来确定的。三种农作物(稻谷、小麦、玉米)的产量,代表了全国当时的气候环境水平;同时,当年农作物的利润在价值上与同时期其他产品和生态系统服务价格实现了匹配,因此具有一定的科学性。

采用动态的当量结合谢高地等的当量因子表,得出研究区 11 种生态系统服务的价值,如表 6-4 所示。

以 A~K 分别代替食物生产、原料生产、水资源供给、气体调节、气候调节、净化环境、水文调节、土壤保持、养分循环、生物多样性和美学景观这 11 种生态系统服务。

表 6-4　研究区 11 种生态系统服务价值汇总表　　（单位：10^7元）

年份	供给服务			调节服务				支持服务			文化服务
	食物生产 A	原料生产 B	水资源供给 C	气体调节 D	气候调节 E	净化环境 F	水文调节 G	土壤保持 H	养分循环 I	生物多样性 J	美学景观 K
2005	15.9	6.5	−3.2	15.9	17.3	8.0	70.6	17.8	2.5	9.0	4.7
2010	11.6	5.3	−0.4	13.8	19.9	8.8	71.7	15.7	2.0	10.1	5.2
2015	6.3	2.9	0.5	7.3	10.4	5.1	47.0	8.4	1.1	5.8	3.1

由表 6-4 可知,三个时期多数生态系统服务都处于逐时期下降的趋势,如食物生产(A)、原料生产(B)、气体调节(D)、土壤保持(H)、养分循环(I);一部分生态系统服务先上升后下降,但整体也处于下降趋势,如气候调节(E)、净化环境(F)、水文调节(G)、生物多样性(J)、美学景观(K);只有水资源供给(C)处于一个逐年上升的状态。

根据协同和权衡的分类,对这 11 种生态系统服务在 2005～2010 年和 2010～2015 年两个时期的变化关系进行分析。其中,↑代表处于上升趋势;↓代表处于下降趋势;(↑,↓)代表第一个时期上升,第二个时期下降;(↓,↓)代表两个时期都下降。

1. 协同相关

协同相关有两组。

第一组:食物生产(A)、原料生产(B)、气体调节(D)、土壤保持(H)、养分循环(I)。它们在 2005～2010 年和 2010～2015 年两个时期都处于下降趋势(↓,↓)。

第二组:气候调节(E)、净化环境(F)、水文调节(G)、生物多样性(J)、美学景观(K)。它们在 2005～2010 年和 2010～2015 年两个时期都处于先上升后下降趋势(↑,↓)。

第一组协同关系可以细分为:1vs1 协同相关、1vs2 协同相关、1vs3 协同相关、1vs4 协同相关,具体如表 6-5～表 6-8 所示。

由于 A 和 B、B 和 A 是一种关系,其他同理,因此一共 10 组生态系统服务类型 1vs1 协同相关,且在 2005～2010 年和 2010～2015 年两个时期都处于下降趋势(↓,↓)(表 6-5)。

表 6-5 第一组 1vs1 协同相关

	A	B	D	H	I
A		1vs1	1vs1	1vs1	1vs1
B	1vs1		1vs1	1vs1	1vs1
D	1vs1	1vs1		1vs1	1vs1
H	1vs1	1vs1	1vs1		1vs1
I	1vs1	1vs1	1vs1	1vs1	

一共 30 组 1vs2 的生态系统服务类型协同相关,且在 2005～2010 年和 2010～2015 年两个时期都处于下降趋势(↓,↓)(表 6-6)。

表 6-6 第一组 1vs2 协同相关

	A、B	A、D	A、H	A、I	B、D	B、H	B、I	D、H	D、I	H、I
A					1vs2	1vs2	1vs2	1vs2	1vs2	1vs2
B		1vs2	1vs2	1vs2				1vs2	1vs2	1vs2
D	1vs2		1vs2	1vs2		1vs2	1vs2			1vs2
H	1vs2	1vs2		1vs2	1vs2		1vs2		1vs2	
I	1vs2	1vs2	1vs2		1vs2	1vs2		1vs2		

一共20组1vs3的生态系统服务类型协同相关,且在2005～2010年和2010～2015年两个时期都处于下降趋势（↓，↓）(表6-7)。

表6-7 第一组1vs3协同相关

	A、B、D	A、B、H	A、B、I	A、D、H	A、H、I	A、D、I	B、D、H	B、D、I	B、H、I	D、H、I
A							1vs3	1vs3	1vs3	1vs3
B			1vs3		1vs3	1vs3				1vs3
D		1vs3	1vs3		1vs3			1vs3		
H	1vs3		1vs3			1vs3		1vs3		
I	1vs3	1vs3		1vs3		1vs3				

一共5组1vs4的生态系统服务类型协同相关,且在2005～2010年和2010～2015年两个时期都处于下降趋势（↓，↓）(表6-8)。

表6-8 第一组1vs4协同相关

	A、B、D、H	A、B、D、I	A、B、H、I	A、D、H、I	B、D、H、I
A					1vs4
B				1vs4	
D			1vs4		
H		1vs4			
I	1vs4				

第二组协同关系可以细分为1vs1协同相关（表6-9）、1vs2协同相关（表6-10）、1vs3协同相关（表6-11）、1vs4协同相关（表6-12）。

由于E和F、F和E是一种关系,其他同理,因此一共9组生态系统服务类型1vs1协同相关,且在2005～2010年和2010～2015年两个时期都处于先上升后下降趋势（↑，↓）(表6-9)。

表6-9 第二组1vs1协同相关

	E	F	G	J	K
E		1vs1	1vs1	1vs1	1vs1
F	1vs1		1vs1	1vs1	1vs1
G	1vs1	1vs1			1vs1
J	1vs1	1vs1	1vs1		1vs1
K	1vs1	1vs1	1vs1	1vs1	

一共有 30 组生态系统服务类型 1vs2 协同相关,且在 2005～2010 年和 2010～2015 年两个时期都处于先上升后下降趋势（↑，↓）(表 6-10)。

表 6-10 第二组 1vs2 协同相关

	E、F	E、G	E、J	E、K	F、G	F、J	F、K	G、J	G、K	J、K
E					1vs2	1vs2	1vs2	1vs2	1vs2	1vs2
F		1vs2	1vs2	1vs2				1vs2	1vs2	1vs2
J	1vs2	1vs2		1vs2	1vs2		1vs2	1vs2		1vs2
G	1vs2			1vs2	1vs2	1vs2				1vs2
K	1vs2	1vs2	1vs2		1vs2	1vs2		1vs2		

一共有 20 组生态系统服务类型 1vs3 协同相关,且在 2005～2010 年和 2010～2015 年两个时期都处于先上升后下降趋势（↑，↓）(表 6-11)。

表 6-11 第二组 1vs3 协同相关

	E、F、G	E、F、J	E、F、K	E、G、J	E、G、K	E、J、K	F、G、J	F、G、K	F、J、K	G、J、K
E							1vs3	1vs3	1vs3	1vs3
F				1vs3	1vs3	1vs3				1vs3
G		1vs3	1vs3			1vs3			1vs3	
J	1vs3		1vs3		1vs3			1vs3		
K	1vs3	1vs3		1vs3			1vs3			

一共有 5 组生态系统服务类型 1vs4 协同相关,且在 2005～2010 年和 2010～2015 年两个时期都处于先上升后下降趋势（↑，↓）(表 6-12)。

表 6-12 第二组 1vs4 协同相关

	E、F、G、J	E、F、G、K	E、F、J、K	E、G、J、K	F、G、J、K
E					1vs4
F				1vs4	
G			1vs4		
J		1vs4			
K	1vs4				

2. 权衡相关

这 11 种生态系统服务的权衡相关只有一组：水资源供给（C）服务和其他 5 种

生态系统服务［食物生产（A）、原料生产（B）、气体调节（D）、土壤保持（H）、养分循环（I）］。水资源供给（C）服务在 2005~2010 年和 2010~2015 年两个时期都处于上升趋势，而其他 5 种服务在这两个时期都处于下降趋势。

它们之间的权衡关系分为 5 种，即 1vs1 权衡相关、1vs2 权衡相关、1vs3 权衡相关、1vs4 权衡相关、1vs5 权衡相关，具体如表 6-13~表 6-17 所示。

共有 5 组生态系统服务类型 1vs1 权衡相关（表 6-13）。

表 6-13　1vs1 权衡相关

	A	B	D	H	I
C	1vs1	1vs1	1vs1	1vs1	1vs1

共有 10 组生态系统服务类型 1vs2 权衡相关（表 6-14）。

表 6-14　1vs2 权衡相关

	A、B	A、D	A、H	A、I	B、D	B、H	B、I	D、H	D、I	H、I
C	1vs2	1vs2	1vs2	1vs2	1vs2	1vs2	1vs2	1vs2	1vs2	1vs2

共有 7 组生态系统服务类型 1vs3 权衡相关（表 6-15）。

表 6-15　1vs3 权衡相关

	A、B、D	A、B、H	A、B、I	B、D、H	B、D、I	B、H、I	D、H、I
C	1vs3	1vs3	1vs3	1vs3	1vs3	1vs3	1vs3

共有 5 组生态系统服务类型 1vs4 权衡相关（表 6-16）。

表 6-16　1vs4 权衡相关

	A、B、D、H	A、B、D、I	A、B、H、I	A、D、H、I	B、D、H、I
C	1vs4	1vs4	1vs4	1vs4	1vs4

只有 1 组生态系统服务类型 1vs5 权衡相关（表 6-17）。

表 6-17　1vs5 权衡相关

	A、B、D、H、I
C	1vs5

本节采用动态当量因子法对研究区 11 种生态系统服务类型进行 1vs$N$ 的相关

性分析。动态生态系统服务当量因子法的计算原理源自于不同景观类型生态系统服务的价值当量与该景观类型面积的乘积，其优缺点明显。

动态当量因子法的优点如下。

1) 具有一定的科学性

以当地农作物的产量和种粮利润为基础当量，既代表了当地的气候等环境状况，又实现了同一时期不同生态系统服务价值的匹配问题。且谢高地等（2015）的方法结合了多个案例和专家的打分，因此具有一定的科学性。

2) 分析结果简单明了

能迅速对多种生态系统服务进行求值分析，也便于在宏观角度对多种生态系统服务关系进行快速分类。

动态当量因子法的不足之处如下。

1) 忽略了生态系统服务发生的过程

动态当量因子法虽然可以快速得出各种生态系统服务之间相互关系的结果，但是缺乏对结果的解释，不能解释这些生态系统服务之间的相关性。

2) 忽略了生态系统服务产生的尺度

动态当量因子法导致由当量、面积计算的生态服务可能不准确。例如，城市道路两侧的行道树，虽然数量很大，但提供鸟类生境服务却很低，远不如集中生长的小树林。因此，如果想要提高动态当量因子法的准确性，需要考虑生态系统服务的尺度。

6.2.2 以本书研究的 4 种生态服务为例进行分析

本书研究的 4 种生态系统服务为调节服务（碳储量）、供给服务（小麦产量）、支持服务（生境）、文化服务（景观美学）。

结合前文研究的结果，对上述 4 种生态系统服务的变化趋势进行分析。其中，↑代表处于上升趋势，↓代表处于下降趋势，(↑, ↓)代表第一个时期处于上升下降、第二个时期处于下降下降，(↓, ↓)代表两个时期都处于下降趋势。

1) 碳储量

结合前文碳储量服务，计算结果如表 6-18 所示。

表 6-18 研究区三个时期的碳储量

项目	年份		
	2005	2010	2015
碳储量/t	4.49×10^6	4.52×10^6	4.05×10^6

研究区的碳储量处于先上升后下降的趋势（↑，↓）。

2）小麦产量

结合前文小麦产量的计算结果（表5-18），可以得出研究区的小麦产量总体处于下降趋势（↓，↓）。

3）生境支持服务

通过生境质量、生境退化程度、生境稀缺性三个方面对生境进行了研究。仅以生境质量为例，结合前面生境研究结果，2005年生境质量＞2010年生境质量＞2015年生境质量。故生境质量变化总体处于下降趋势（↓，↓）。

4）景观美学

结合前文分析，景观美学价值结果如表6-19所示。

表6-19 研究期三个时期景观美学价值统计

项目	年份		
	2005	2010	2015
景观美学价值/元	3.79×10^7	4.25×10^7	2.42×10^7

景观美学价值为先上升后下降的趋势（↑，↓）。

综上，对4类生态系统服务变化趋势总体制表分析（表6-20）。

表6-20 研究区4类生态系统服务变化趋势

类型	2005~2010年趋势	2010~2015年趋势
固碳	↑	↓
小麦生产	↓	↓
生境质量	↓	↓
景观美学	↑	↓

根据表6-20，作者可以得出研究区这4类生态系统服务之间的关系只有两种，且都只有协同服务，都是1vs1的类型。

第一种为固碳服务（↑，↓）和美学景观（↑，↓），第二种为小麦生产（↓，↓）和生境质量（↓，↓）。

1. 固碳服务和景观美学协同关系机理研究

固碳服务采用的是InVEST模型中的Carbon模块，基于研究区不同土地类型及面积的四大碳库的数据进行分析。林地的单位面积碳储量最高，其次为水域和农田，最后是建设用地和未利用地。研究区碳储量的计算模式可简化为：不同景观要素面积×单位面积碳储量，最后所有景观要素求和，只要面积和单位物质量相对准确，结果就相对准确。

美学景观采用的是谢高地等（2015）的方法，具体数据如表6-21所示。

表 6-21 不同景观要素的生态系统服务价值当量

项目	土地类型				
	农田	林地	水域	未利用地	建设用地
当量	0.06	1.06	1.89	0.01	0

由表6-21可知，景观美学也是面积和当量乘积再进行求和。因此，从这两种生态系统服务的量化原理分析中发现，单位当量最高的是水域，其次是林地和农田，最后是未利用地和建设用地。由于建设用地和未利用地在碳储量和景观美学中当量比值过低，将其简化忽略。即仅考虑农田、林地和水域的面积，然后进行逐时期分析。

2005~2010年：碳储量和景观美学的计算基础均为各类景观要素面积，且各类景观要素面积在这一时期变化趋势一致，均为林地和水域面积增加，农田面积降低。但根据上述的当量计算可以得出，农田对两种服务的降低值没有林地和水域对两种服务的增加值高。因此，2005~2010年的碳储量价值和美学价值都处于上升状态。

2010~2015年：水域面积小幅度上升，林地面积下降，农田面积下降。结合当量关系得出水域面积的上升带来的固碳价值和美学价值的提高量，都低于林地面积和农田面积降低带来的两种服务价值的下降量。因此，2010~2015年的生态系统服务总体上处于下降趋势。

结论：两种生态系统服务有一定的相关性，主要是林地和水域的单位价值较高，它们两者的增加能够迅速带动生态系统服务价值的提升，而农田的单位价值较低，其值降低也会导致生态系统服务价值降低，但是幅度不大。从机理上分析，两种生态系统服务具有几乎一致的计算方法和相似的单位面积值，同时它们所包含的景观要素变化趋势也一致。即生态系统服务评估机理相对一致，具有同样的驱动因子（景观要素面积），且驱动方向一致，驱动力大小相似，因此景观美学和碳储量服务具有明显的协同相关。这也说明了本书的研究方法具有较强的科学性和解释性。

2. 小麦生产和生境质量的协同关系机理研究

小麦的产量是以当地当年亩产量乘以当地的种植面积得到的，即农田面积×当地产量。面积受景观格局变化影响比较大，而当地当年产量受当地气候环境影响和人为技术影响较大。

生境质量分析的基础数据如表 5-8 和表 5-9 所示,而生境质量的计算方式比较复杂,计算方法如式(5-9)~式(5-11)所示。对其简化分析,即设置敏感因子和生境胁迫因子,然后结合土地类型的格局变化,按照上述三个公式计算,具体分析如下。

小麦生产和生境质量重合的景观类型就是农田,在生境评价中,农田的生境威胁因子权重设置为 0.7,而敏感度权重设置为 0.3。其自身生境质量权重为 0.3。结合农田面积(在整个研究期所占面积比例为 60.12%~79.03%),即便权重为 0.3 也会对整体生境产生较大的影响。

在小麦产量中也以粮食产量为切入点分析,粮食产量=单位亩产量×农田面积。粮食的亩产量每年都在变化,研究区 2005~2015 年变化幅度为 343~399kg/亩,变化幅度较小。与研究区的农田面积相比,农田面积变化在小麦产量变化中所占的比值较高。因此,小麦生产和生境质量这两种生态系统服务在 2005~2015 年的持续下降和它们之间的协同相关性以农田面积的变化为共同影响因素。

小麦产量和生境质量的计算结果都是和研究区农田面积呈正相关。研究区农田面积变化是小麦产量的主要驱动力,也是生境质量的主要驱动力,即这两种生态系统服务的评估机理基本一致,且有共同的驱动力,因此生态系统服务关系呈现协同相关。

本书的研究方法涉及了生态系统服务评估的机理和过程,经本书实例验证,其科学性和对研究结果的解释性都比较强。

6.3 本章小结

生态系统服务的相关性源自于景观的多功能性和邻近生态系统生态过程的交叉性。在景观格局变化作为共同驱动因子的影响下,多种生态系统服务随之变化,它们之间也会出现各种各样的关系。一般将生态系统服务的各种关系分为协同和权衡关系,本书在此基础上,将其分为权衡相关、协同相关、单向相关、复合相关、变化相关 5 类。以本研究区为例,采取动态的生态系统服务当量因子法和本研究的方法对多种生态系统服务进行了两个时段的分类和研究。结果表明:本书研究的 4 种生态系统服务中,固碳服务(↑,↓)和美学景观(↑,↓)、小麦生产(↓,↓)和生境质量(↓,↓)都是协同相关。经过验证,本书研究的方法涉及了生态过程和机理,同时进行了两个时段的研究,具有较强的科学性和解释性。但是研究中还发现了以下一些问题。

(1)在研究生态系统服务的关系时,必须考虑到这些生态系统服务产生的尺度性,忽略了研究尺度对生态系统服务的影响,可能会导致几种生态系统服务关系的貌合神离。本书研究采用的方法都是在确立景观格局尺度的基础上计算生态系统服务,科学性比较强。而生态系统服务的动态当量因子法,作为大区域分析和统计有一定的指导意义。做具体分析时,如不进行尺度限定,其结果的准确性不能保证。

（2）生态系统服务关系的不确定性。由于景观格局、自然系统和社会系统的复杂性,研究对象的唯一性等可能会导致生态系统服务相互关系的不确定性。同种生态系统服务的关系在不同的场景（时间、空间、利益相关者等场景）不一定都适用。采用动态方法研究,进行多时段分析是减少评估过程中不确定性的重要途径。

（3）对生态系统服务相互关系的研究必须加强过程和机理的研究。谢高地等修正过的动态当量因子法仍具有一定的局限性,完全是面积和当量的关系,这样无形中会形成一种线性关系。而众多生态系统服务的机理、过程等,用面积和当量不能进行科学解释。只有深入生态过程,了解生态机理,才能确切分析它们之间的相关关系及共同的影响因子（驱动力）。研究生态系统服务最好是采用涉及机理和过程的数学模型,其科学性和解释性才最强。

（4）生态系统服务间关系研究的目的是对生态系统进行管理。找出影响一种或多种生态系统服务的关键因子,通过对一个（或者少数的）因子的管理来提高多种生态系统服务,以调动最小的资源达到多赢的局面,为生态系统服务的管理提供依据。在农业景观的管理上,国外已经有很多案例,比如设置河岸缓冲带,既可以防止水质污染,又防止河岸水土流失,稳固堤岸,同时还为多种生物提供边缘生境（Bennett et al., 2009）。

第7章 景观格局和生态系统服务的对应关系研究

景观格局的变化不仅改变了地表的景观形态，更主要的是影响了地表的物质循环、能量流动、信息传递过程，使地表的多种生态系统被打破、被重组等。生态系统服务作为连接自然生态系统与人类福祉的桥梁（宋章建等，2015），景观格局变化带来的生态系统服务变化日趋引起人们的关注。

目前，国内外对景观背景下的生态系统服务研究主要有以下几个方面：不同景观尺度的生态系统服务研究和价值测算，如流域尺度、国家尺度等；不同景观类型的生态系统服务研究，如草地、森林、湿地等；景观格局变化下的生态系统服务的驱动力研究，如自然、人文驱动力；景观格局和生态系统服务的预测等。这些研究的过程往往是先分析格局变化，再分析生态系统服务变化，最后附上驱动力分析。而具体的生态系统服务和景观格局的对应关系尚未见到深入的研究。究其原因如下。

1）景观格局的复杂性

景观格局是一个复杂的景观综合体，描述景观格局的方法很多。例如，本书研究的景观格局指数法，采用了5种景观格局指数来描述景观格局变化。如果以自变量 x 代表景观格局的指数，即自变量 x 很多。

2）生态系统服务的多样性

生态系统服务种类很多，而且各个代表的含义不同，对一个地区生态系统服务总体评价时，往往需要对多个生态系统服务进行分析。以因变量 y 代表生态系统服务，即因变量 y 很多。

从景观生态学的角度，关于多个 x（景观格局指数）和多个 y（生态系统服务）的具体对应关系分析，国内外没有成熟的理论借鉴，这也是研究的一个盲点。本书将生物学上物种和生境的分析理论引入，尝试对此进行探索研究。

7.1 理论基础和数据来源

本研究在 Canoco 4.5 的软件平台支持下，将生物学上物种和环境的分析理论引入景观格局和生态系统服务的研究中，恰巧解决了多个 x（景观格局指数）和多个 y（生态系统服务）的问题。

在生物学中，多个物种和不同环境的分析需要大量样本。其主要原因是物种的流动性较强，可以排除偶见种。而景观格局和生态系统服务的分析，如果数据准确，不一定需要太多的样本。当然，样本越多，从统计角度讲，分析越准确。

将研究区前面章节所述的三个时期的 5 种景观格局指数（表 7-1）设为自变量 x。

表 7-1 研究区 20m×20m 尺度上的景观格局指数

年份	20m×20m 尺度下不同景观格局指数变化				
	NP	LPI	TE	PAFRAC	SHDI
2005	6 502.00	59.22	2 829 640	1.29	0.77
2010	6 111.00	29.28	3 516 360	1.28	1.00
2015	8 222.00	23.43	4 063 700	1.30	1.07

将本书研究的 4 类生态系统服务设为因变量 y，由于生境质量评价的结果不是一个具体数值，作者仅采用其他三种生态系统服务（碳储量、小麦产量、景观美学）的数据（表 7-2）。

表 7-2 研究区碳储量、小麦产量、景观美学的生态系统服务值

生态系统服务类型	年份		
	2005	2010	2015
碳储量/t	$4.49×10^6$	$4.52×10^6$	$4.05×10^6$
小麦产量/kg	$1.91×10^8$	$1.88×10^8$	$1.69×10^8$
景观美学价值/元	$3.79×10^7$	$4.25×10^7$	$2.42×10^7$

7.2 研究结果

将自变量 x（表 7-1）和因变量 y（表 7-2）的数值标准化后，输入 Canoco 4.5 进行分析，根据 Canoco 4.5 分析显示，因为 Lengths of Gradient 小于 3，所以进行冗余分析（RDA）。以 GT 代替固碳生态系统服务，XM 代替小麦产量，MX 代替景观美学价值，分析结果如图 7-1 所示。

根据 RDA 的数学意义，以及 Canoco 4.5 的图形解释，由图 7-1 可以看出景观格局指数 LPI（最大斑块指数）与 XM（小麦产量）、GT（碳储量）、MX（景观美学）呈正相关关系。其中与 XM（小麦产量）的相关性最强，GT（碳储量）次之，MX（景观美学）最弱。

以小麦产量对 LPI 的关系为例对分析结果进行验证。

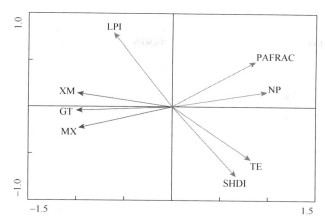

图 7-1 景观格局指数和生态系统服务相关性分析

由图 7-1 可知，小麦产量与 LPI 的相关度最高。可以近似排除其他景观格局指数的影响，进行分析如下：本研究区三个时段最大面积斑块都是农田斑块，最大斑块指数 LPI 与农田面积相关性显著，而农田面积和农田单位产量（小麦单位产量）的乘积就是小麦产量。因此，LPI 与小麦产量在算法上具有一定的相关性。可以这样理解，在研究区总面积不变的情况下，农田中最大斑块面积越大（LPI 越大），农田面积可能会越大，小麦产量会越高。当然，在理论上也可能存在两种和分析结果相反的情况，具体分析如下。

（1）农田最大斑块面积在研究区最大，但它和农田总面积变化趋势不一致，这样小麦产量和 LPI 就不会呈正相关。

但结合作者前期景观格局的分析结果，最大斑块面积和农田总面积关系如表 7-3 所示。

表 7-3 研究区三个时段最大斑块面积和农田面积

项目	年份		
	2005	2010	2015
最大斑块面积/hm²	2 847	1 768	742
农田面积/hm²	37 153	31 688	28 264

由表 7-3 可知，农田面积和最大斑块面积（最大面积斑块全为农田）呈正相关。即情况（1）不成立。

（2）最大斑块面积不是农田的情景，即 LPI 和小麦产量不相关，但结合本研究区景观格局的分析，三个时期最大斑块面积都属于农田，且农田总面积最大，即情况（2）也不成立。

因此，小麦产量和 LPI 具有一定的正相关性，这也是对本研究方法的一个验证。另外，小麦产量和 LPI 两条线并没有完全重合（图 7-1），即它们的相关度并不是 100%，原因可能在于，最大斑块面积不能代表所有农田面积，或者小麦产量可能与其他景观格局指数也存在一定的相关性。

在本书的分析中，其他景观格局指数和生态系统服务的相关性不如 LPI（图 7-1），另外相关程度并不是非常强，限于数据原因（景观格局指数的全面性），仅对小麦产量和 LPI 的关系进行了实例验证。但根据 Canoco 4.5 的分析结果，可以对本书 5 个景观格局指数和 3 个生态系统服务的相关程度进行判定，如表 7-4 所示。

表 7-4　景观格局指数和生态系统服务相关方向判定

景观格局指数	生态系统服务类型		
	碳储量	小麦产量	景观美学
NP	负相关	负相关	负相关（相关度高）
LPI	正相关	正相关（相关度高）	正相关
TE	相关	负相关（相关度高）	负相关
PAFRAC	负相关	负相关	负相关（相关度高）
SHDI	负相关	负相关（相关度高）	负相关

7.3　本章小结

生态系统服务变化是景观格局变化的响应。长时期以来，国内外总是将其分开分析，没有深刻揭示其对应的关系，本书借鉴生物学上的物种与环境研究理论，将其引入景观格局和生态系统服务的关系分析中，解决了生态系统服务和景观格局变化的响应关系。

优点：首次建立了景观格局和生态系统服务对应关系的分析方法，借助这种方法，可以直观地分析景观格局指数和生态系统服务之间的相互关系，达到定性和半定量研究的程度。且经本书实际验证，分析结果具有科学性。

不足之处：样本量太小，如果采用多个时期的景观格局数据和生态系统服务价值数据可能得到更精确的结果。另外，5 个景观格局指数是否完全表达了整个景观格局仍不确定。此外，如何对景观格局指数和生态系统服务进行更准确的定量分析，仍是下一步研究的方向。

第8章 结论、讨论和创新点

本研究以河南省郑州市和开封市的城市对接区域为研究对象,原计划是分析 4 个时期(2000 年、2005 年、2010 年和 2015 年)的景观格局变化及其生态系统服务的响应。但由于景观格局的尺度性和数据的原因,2000 年的数据只能做基础分析。本书重点研究了 2005 年、2010 年和 2015 年三个时期的变化,虽然研究时间较短,但由于研究区在河南省城市化发展中的重要性,其景观格局的变化及带来的生态系统服务响应也比较明显。

在景观格局的分析上,主要采用景观格局指数法分析了三个时期的景观格局动态,同时对其驱动机制进行了研究,最后对景观格局的变化进行了模拟和评价;生态系统服务方面,采用 InVEST 模型等方法对研究区的碳储量、小麦生产、生境质量、景观美学价值进行了评价,并提出了生态系统服务的管理建议;随后,对研究区生态系统服务之间的相互作用关系进行了研究;最后对景观格局和生态系统服务的响应关系进行了探讨。

8.1 景观格局研究的主要结论

8.1.1 景观格局变化明显,人为影响是其主要驱动力

采用 GIS 重采样的方法,对研究区 5m、10m、20m、40m、60m、80m、100m、120m、140m、160m、180m、200m 共 12 个尺度进行景观格局对比分析,同时结合空间自相关理论(Moran's I),确定郑汴一体化核心区域的景观格局最佳研究尺度为 20m×20m,在此基础上对研究区景观格局进行分析。

1)研究区 2005~2015 年的景观格局变化

景观水平:2005~2015 年,整体景观破碎化程度增大,2010~2015 年是景观破碎化程度加大的主要时期,其中农田景观要素受破碎化的影响比较大,2005~2015 年,整个区域景观格局变化受人为影响为主,2005~2010 年的人为影响大于 2010~2015 年。

类型水平:在 2005~2015 年,水域的总面积和平均面积都逐渐增大,但是斑块个数逐渐降低。但水域在整个研究区不属于优势景观要素,水域景观格局的变化受人为影响比较大。在城市化的进程中,小的坑塘逐渐消失,同时出现了一些人工湖,其中 2005~2010 年更为显著。农田在整个研究时期都属于优势景观要素,

但也是面积变化最大的景观类型。农田受人为影响较大，具体表现在其边界复杂化程度的降低和景观破碎化的加重。林地的斑块数和总体面积处于上升趋势，林地的形状相对规整，规划中人工林的种植是其景观格局变化的主要原因。建设用地在面积上属于次优势的景观要素，在短短的10年间，建设用地的面积从占总面积的9.21%上升到23.82%。建设用地几乎没有受到景观破碎化的影响，同时其形状也最为规整。未利用地在整个研究区占的面积都比较小，但是其面积和斑块数量逐时期降低，说明研究区随着规划的进展，土地利用强度持续增大。但2005~2010年出现的大的未利用地斑块，主要是由于这一时期处于建设的初期，拆迁工程较多，形成很多拆迁废弃地，本研究将其划为未利用地。

2）景观类型的相互转化

建设用地的增加绝大部分来自农田的转化，未利用地也主要转化为了建设用地，林地和水域面积的增加也主要来自于农田。

3）景观格局梯度分析

取研究区横向分布的P1~P9九个点作为研究梯度样点。测试半径为250m、500m、1000m、1500m四个幅度，最后确定半径为1000m的幅度是研究区梯度分析的最佳幅度。在此基础上，对研究区景观格局的梯度变化进行分析。结果表明，研究区两端的景观格局变化比中央快。西部（靠近郑州段）的整体景观格局变化大于东部（靠近开封段）的景观格局变化。西部景观变化剧烈源自斑块数量、斑块形状、人为影响等，但东部在景观斑块类型变化上比西部快。2005~2010年的景观格局变化略快于2010~2015年。

4）景观格局的总体评价

引用热力学上的熵模型对景观格局整体进行评价，以量化的数值来展示景观格局的变化。结果表明，研究区景观格局的变化日趋均质化和规整化，即人为影响逐渐增大。同时验证了景观格局指数分析中2005~2010年人为影响较大的情况。

5）景观变化模拟

结合规划目标，采用优化后的马尔可夫数学模型就研究区2020年的景观格局进行了预测，发现目前的景观变化进度略低于预期目标，即政府为实现研究期2020年的目标，需要加快建设进度。

6）景观变化的驱动力分析

对研究区的气温、降水为代表的自然因子，以及人口、政策、GDP为代表的人文因子进行了分析。结果表明，人口和政策是该区域景观格局变化的主要驱动力。

8.1.2 生态系统服务总体处于下降趋势

对研究区景观格局变化下的4类生态系统服务变化进行了分析，具体如下。

碳储量：研究区 2005～2015 年的碳储量总体处于下降趋势，2010 年略有波动。碳储量总值的变化，与农田、林地和水域相关度较大，与建设用地和未利用地相关度低。

生境质量：研究区的生境质量逐时期下降，2005 年生境质量＞2010 年生境质量＞2015 年生境质量，其中 2005～2010 年生境质量降低速率高于 2010～2015 年生境质量降低速率。

景观美学：景观美学价值整体处于下降趋势，2010 年比 2005 年略有上升。

小麦产量：研究区的小麦产量处于下降趋势。尽管研究区小麦亩产量有小幅度的提高，但是由于其整体面积的大幅度降低，小麦产量也处于下降趋势。同时在小麦产量研究中发现的研究区粮食生产的可持续问题，是当下政府和全国需要关注的问题。

结合生态系统服务的机理，提出了对 4 类生态系统服务管理的措施。

碳储量：从景观要素层面，如要提高研究区碳储量，应优先增加林地面积，其次是增加水域和农田面积，而建设用地和未利用地面积变化对碳储量影响不大。从机理层次，一种方式是通过加大种植密度，丰富种植层次，甚至更换碳储量高的树种等方式来提高生物碳储量；另一种方式是采取适当的农耕、灌溉等措施，通过提高土壤碳储量的方法来提高研究区碳储量。

生境质量：对研究区生境质量进行保护，应优先保护生境稀缺性高的区域。农田在整个研究区所占面积最大，是研究区生态环境的基础，在研究期受破坏程度最大，生境稀缺性最高，因此在制定土地利用政策时应该优先保护农田，其次是水域（坑塘、水渠）和林地，而建设用地和未利用地的生境稀缺性较低。在提高生境质量时可以优先提高生境质量高的景观类型面积，顺序依次为水域和林地、农田，最后是未利用和建设用地。

美学价值：增加美学价值，应优先提高水域和林地的面积，其次是农田，在没有特色建筑的情况下，建设用地面积越小，美学价值越高。

小麦产量：提高小麦产量，一是增加种植面积，限制研究区大面积的农田转化为非农业用地；二是提高单位面积产量，即通过一些水肥管理和农作措施等，提高单位面积产量。

8.1.3　生态系统服务之间的关系复杂

本书对生态系统服务之间的关系进行重新分类，共分为 5 类，即权衡相关、协同相关、单向相关、复合相关和变化相关。随后采用两种方法对研究区的生态系统服务 1vs$N$ 的权衡和协同关系进行了两个时段的跟踪研究。结果发现，生态系统动态当量因子法能够比较简单明了地对多种生态系统服务进行求值分析，也能快速对多种生态系统服务进行分类和相互关系分析。但忽略了过程和尺度性，这也是其方法不能全面推广的原因。采用本书的计算方法，由于研究的生态系统服务较少，结果只有协同服务类型，共两种，都是 1vs1 的类型，分别是固碳服务（↑，↓）和美学景观（↑，↓）、小麦生产（↓，↓）和生境质量（↓，↓）。结果表明，采用涉及机理的数学模型对生态系统服务之间的关系进行多时段的跟踪研究，其科学性和对生态系统服务关系的解释性才最强。

8.1.4 景观格局和生态系统服务之间的相关程度不一

引入生物学上物种与环境相互关系的分析方法，采用国外的生物多样性统计分析软件 Canoco 4.5，对景观格局和生态系统服务进行对应分析。由于生境质量没有一个量化的数值，仅对研究区三种生态系统服务（碳储量、景观美学、小麦产量）对应的 5 个景观格局指数（NP、TE、LPI、PAFRAC、SHDI）进行了分析，具体关系见表 7-4。

随后，以小麦产量和 LPI 的相关关系为例进行了验证，表明本书研究结果具有一定的科学性。

8.2 景观格局研究的讨论

景观背景下的生态系统服务研究是景观生态学国际和国内自 21 世纪以来研究的前沿和热点问题，国内外相关刊物发表了大量生态系统服务对景观格局变化响应的文章。但总体来说，景观背景下的生态系统服务研究仍处于一个不成熟的阶段，具体讨论如下。

8.2.1 景观格局研究的困境和发展方向

国内外景观格局的研究从理论到实例很多，取得了一些成果，但综合来讲，存在以下两类问题。

1）景观格局的研究方法

目前，景观格局的研究方法很多，但是往往侧重于某一方面，不能全局把握。

景观格局指数法是景观格局研究中相对成熟和常用的方法，但也有一些问题，如景观格局指数的全面性。在景观格局分析中，如何选取合适个数的景观格局指数用以全面反映景观格局，一直是研究的盲点。本研究通过主成分分析法选取了 5 种有代表性的景观格局指数，这 5 种景观格局指数是否能够全面把握本研究区的景观格局变化特征，仍不确定。

其他方法：空间自相关分析侧重于确定景观要素在空间上是否相关及相关程度如何；半方差分析侧重于检测景观格局的特征尺度和景观要素的距离等；趋势面分析侧重于从差值角度研究空间的变化趋势；分形理论可以表达景观类型的复杂性、稳定性及人类活动干扰强度等，但单独的分形结果往往不具有说服性。但这些方法多在对景观格局的表象进行研究，如分布、结构、大小等，由于缺乏对生态过程的理解，一直跳不出几何研究的范畴，导致这些研究方法的生态意义和解释性往往不明显。

综上分析，对景观格局全面把握的方法是将来研究深入的方向；涉及生态机理的景观格局模型开发是景观格局和过程结合分析的重要手段。

2）景观格局变化的驱动力研究

目前，国内外很多文献对景观格局驱动力的研究，一般都是在景观格局分析的前提下，后附上对自然和人文驱动力的简单分析，侧重点一般在景观格局的分析。而本研究认为，景观格局驱动力的研究远比了解景观格局变化本身更有意义。对引起景观变化的驱动力分析可以更好地给景观管理提供参考依据。

在国内外的研究中，对景观格局驱动因子的分析很多，但多数浅尝辄止，缺乏景观格局和驱动因子量化的研究范式。对景观驱动力深入研究的难点在于多学科的结合，城市景观是在自然-社会复合系统的结合，纯粹的景观生态学研究在社会经济学数据的获取、遥感影像时空频率的结合及社会经济数据的处理方法等都存在一定难度。对景观格局驱动力的研究需要多学科的结合。

8.2.2 生态系统服务研究的尺度性

本书在景观格局的研究中，对粒度和幅度的选取都进行了分析和验证，并在此基础上对景观格局和生态系统服务进行了分析。但生态系统服务的种类很多，而且各种服务都具有相对独立的尺度。如何确定生态系统服务之间的尺度，以及生态系统服务与景观格局的对应尺度，仍是下一步研究的方向。

8.2.3 生态系统服务之间关系研究的场景限制性

由于景观格局、自然系统和社会系统的复杂性，研究对象的唯一性等，可能会导致生态系统服务相互关系的不确定性。同种生态系统服务的关系在不同的场景（时间、空间、利益相关者等场景）不一定都适用。采用动态的研究方法，进行多时段跟踪分析是减少评估过程中不确定性的重要途径。

8.2.4　景观格局和生态系统服务对应关系研究的缺陷

国内外对景观格局和生态系统服务的研究颇多，但一般是先分析景观格局变化，再分析生态系统服务变化，缺乏对其两者对应具体关系的阐述。

本书引入生物学中的物种和环境相互关系的分析理念，首次建立了景观格局和生态系统服务关系的分析方法，可以直观地比较景观格局指数和生态系统服务之间的相互关系，且经过了本书的实例验证。不足之处在于，样本量太小，如果采用多个时期的景观格局数据和生态系统服务价值数据可能得到更精确的结果。另外，5个景观格局指数是否完全表达了整个景观格局仍不确定。此外，如何对景观格局指数和生态系统服务对应关系进行准确的定量分析，仍是下一步研究的方向。

8.3　景观格局研究的创新点

8.3.1　生态系统服务关系的多元化分类

国内外对传统的生态系统服务之间关系的研究一般集中在协同和权衡两方面。本书对生态系统服务之间的关系进行重新分类，将生态系统服务间的关系分为权衡相关、协同相关、单向相关、复合相关和变化相关5类。并以 1vs$N$ 为例进行了列述分析。前人的研究多在于对两种生态系统服务之间的关系进行研究，本书对多种生态系统服务之间关系的分类理论和案例研究也是一个较大的突破。

8.3.2　景观格局动态变化和生态系统服务的响应

本书引入生物学中物种、环境的分析理念，首次建立了景观格局和生态系统服务关系的分析方法，可以直观地比较景观格局指数变化和生态系统服务响应的关系，这也是本书研究的一个创新点。

参 考 文 献

曹伟，周生路，吴绍华，等. 2011. 基于粗糙集与突变级数法的土地利用景观分区研究[J]. 地理科学，31（4）：421-426.

陈彩虹，姚士谋，陈爽. 2005. 城市化过程中的景观生态环境效应[J]. 干旱区资源与环境，3：1-5.

陈光水，杨玉盛，刘乐中，等. 2007. 森林地下碳分配（TBCA）研究进展[J]. 亚热带资源与环境学报，2（1）：34-42.

陈利顶，傅伯杰，赵文武. 2006. "源""汇"景观理论及其生态学意义[J]. 生态学报，26（5）：1444-1449.

陈利顶，刘洋，吕一河，等. 2008. 景观生态学中的格局分析：现状、困境与未来[J]. 生态学报，28（11）：5521-5531.

陈利顶，孙然好，刘海莲. 2013. 城市景观格局演变的生态环境效应研究进展[J]. 生态学报，33（4）：1042-1050.

陈述彭. 1999. 城市化与城市地理系统[M]. 北京：科学出版社.

戴尔阜，王晓莉，朱建佳，等. 2015. 生态系统服务权衡/协同研究进展与趋势展望[J]. 地球科学进展，11：1250-1259.

邓劲松，李君，余亮，等. 2008. 快速城市化过程中杭州市土地利用景观格局动态[J]. 应用生态学报，9：2003-2008.

丁圣彦，钱乐祥，曹新向，等. 2003. 伊洛河流域典型地区森林景观格局动态[J]. 地理学报，58（3）：354-362.

董连耕，朱文博，高阳，等. 2014. 生态系统文化服务研究进展[J]. 北京大学学报（自然科学版），6：1155-1162.

杜世勋，荣月静. 2015. 基于InVEST模型山西省土地利用变化的生物多样性功能研究[J]. 环境与可持续发展，6：65-70.

范玉龙，胡楠，丁圣彦，等. 2016. 陆地生态系统服务与生物多样性研究进展[J]. 生态学报，15：1-12.

傅伯杰. 1995. 景观多样性分析及其制图研究[J]. 生态学报，15（4）：345-350.

傅伯杰，牛栋，赵士洞. 2005. 全球变化与陆地生态系统研究：回顾与展望[J]. 地球科学进展，20（5）：556-560.

傅伯杰，徐延达，吕一河. 2010. 景观格局与水土流失的尺度特征与耦合方法[J]. 地球科学进展，25（7）：673-681.

傅伯杰，于丹丹. 2016. 生态系统服务权衡与集成方法[J]. 资源科学，1：1-9.

傅伯杰，张立伟. 2014. 土地利用变化与生态系统服务：概念、方法与进展[J]. 地理科学进展，4：441-446.

龚明劼，张鹰，张芸. 2009. 卫星遥感制图最佳影像空间分辨率与地图比例尺关系探讨[J]. 测绘科学，4：232-233，60.

光增云. 2007. 河南森林植被的碳储量研究[J]. 地域研究与开发, 1: 76-79.
郭晋平, 张芸香. 2005. 景观格局分析空间取样方法及其应用[J]. 地理科学, (5): 584-589.
郭泺, 夏北成, 刘蔚秋, 等. 2006. 城市化进程中广州市景观格局的时空变化与梯度分异[J]. 应用生态学报, 9: 1671-1676.
河南省发展和改革委员会. 2005-4-17. 中原城市群规划开封专题座谈会[Z].
花利忠, 崔胜辉, 黄云凤, 等. 2009. 海湾型城市半城市化地区空间——以厦门市为例[J]. 生态学报, 29 (7): 3509-3517.
黄从红, 杨军, 张文娟. 2013. 生态系统服务功能评估模型研究进展[J]. 生态学杂志, 12: 3360-3367.
黄从红, 杨军, 张文娟. 2014. 森林资源二类调查数据在生态系统服务评估模型 InVEST 中的应用[J]. 林业资源管理, 5: 126-131.
黄卉. 2015. 基于 InVEST 模型的土地利用变化与碳储量研究[D]. 武汉: 中国地质大学硕士学位论文.
黄玫, 季劲钧, 曹明奎, 等. 2006. 中国区域植被地上与地下生物量模拟[J]. 生态学报, 12: 4156-4163.
贾琦, 运迎霞, 黄焕春. 2012. 快速城市化背景下天津市城市景观格局时空动态分析[J]. 干旱区资源与环境, 12: 14-21.
蒋晶, 田光进. 2010. 1988 年至 2005 年北京生态服务价值对土地利用变化的响应[J]. 资源科学, 32 (7): 1407-1416.
蒋秋丽. 2013. 基于中原城市群内聚的郑汴都市区集聚发展研究[D]. 开封: 河南大学硕士学位论文.
李冰, 毕军, 田颖. 2012. 太湖流域重污染区土地利用变化对生态系统服务价值的影响[J]. 地理科学, 32 (4): 471-476.
李克让, 王绍强, 曹明奎. 2003. 中国植被和土壤碳贮量[J]. 中国科学 (D 辑: 地球科学), 1: 72-80.
李士美. 2010. 基于定位观测网络的典型生态系统服务流量过程研究[D]. 北京: 中国科学院地理科学与资源研究所博士学位论文.
李双成, 刘金龙, 张才玉, 等. 2011. 生态系统服务研究动态及地理学研究范式[J]. 地理学报, 12: 1618-1630.
李双成, 张才玉, 刘金龙, 等. 2013. 生态系统服务权衡与协同研究进展及地理学研究议题[J]. 地理研究, 8: 1379-1390.
李文华, 张彪, 谢高地. 2009. 中国生态系统服务研究的回顾与展望[J]. 自然资源学报, 24 (1): 1-10.
李秀珍, 布仁仓, 常禹, 等. 2004. 景观格局指标对不同景观格局的反应. 生态学报, 24 (1): 123-134.
李艳. 2013. 基于 GDP 的雨城区土地利用结构优化研究[D]. 雅安: 四川农业大学硕士学位论文.
李玉凤, 刘红玉, 郑囡, 等. 2011. 基于功能分类的城市湿地公园景观格局——以西溪湿地公园为例[J]. 生态学报, 31 (4): 1021-1028.
李元年. 2008. 基于熵理论的指标体系区分度测算与权重设计[D]. 南京: 南京航空航天大学硕士学位论文.
廖顺宝, 李泽辉. 2003. 基于人口分布与土地利用关系的人口数据空间化研究——以西藏自治区为例[J]. 自然资源学报，6：659-665.
刘海燕. 1995. GIS 在景观生态学研究中的应用[J]. 地理学报，（S1）：104-111.
刘立成. 2008. 呼伦贝尔森林——草原生态交错区景观格局时空动态研究[D]. 北京：北京林业大学硕士学位论文.
刘颂，郭菲菲，李倩. 2010. 我国景观格局研究进展及发展趋势[J]. 东北农业大学学报，41（6）：144-151.
刘颂，李倩，郭菲菲. 2009. 景观格局定量分析方法及其应用进展[J]. 东北农业大学学报，40（12）：114-119.
刘相超. 2002. 中牟县农业土地景观生态规划与设计研究[D]. 开封：河南大学硕士学位论文.
刘志伟. 2014. 基于 InVEST 的湿地景观格局变化生态响应分析[D]. 杭州：浙江大学硕士学位论文.
卢小丽. 2011. 基于生态系统服务功能理论的生态足迹模型研究[J]. 中国人口·资源与环境，21（12）：115-120.
路超. 2012. 山区县域景观格局尺度效应研究[D]. 泰安：山东农业大学硕士学位论文.
骆继花，王鸿燕，谢志英. 2015. 地图比例尺与遥感影像分辨率的关系探讨[J]. 测绘与空间地理信息，12：61-64，71.
马克明，傅伯杰. 1999. 北京东灵山地区森林的物种多样性和景观格局多样性研究[J]. 生态学报，（1）：1-7.
马克明，傅伯杰，周华峰. 1998. 景观多样性测度：格局多样性的亲和度分析[J]. 生态学报，18（1）：78-83.
马媛，师庆东，潘晓玲. 2004. 西部干旱区生态景观格局动态分析[J]. 干旱区地理，47（5）：1047-1051.
欧阳志云，王效科，苗鸿. 1999. 中国陆地生态系统服务功能及其生态经济价值的初步研究[J]. 生态学报，19（5）：607-613.
裴厦. 2013. 基于野外台站的典型生态系统服务及价值流量过程研究[D]. 北京：中国科学院地理科学与资源研究所博士学位论文.
彭丽. 2013. 三峡库区土地利用变化及结构优化研究[D]. 武汉：华中农业大学博士学位论文.
彭怡，王玉宽，傅斌，等. 2013. 汶川地震重灾区生态系统碳储存功能空间格局与地震破坏评估[J]. 生态学报，3：798-808.
朴世龙，方精云，贺金生，等. 2004. 中国草地植被生物量及其空间分布格局[J]. 植物生态学报，4：491-498.
齐伟，曲衍波，刘洪义，等. 2009. 区域代表性景观格局指数筛选与土地利用分区[J]. 中国土地科学，1：33-37.
齐杨，邬建国，李建龙，等. 2013. 中国东西部中小城市景观格局及驱动力[J]. 生态学报，33（1）：275-285.
尚仰震. 1988. 热力学体系统计熵[M]. 成都：四川科学技术出版社.
沈清基，徐溯源，刘立耘，等. 2011. 城市生态敏感区评价的新探索——以常州市宋剑湖地区为例[J]. 城市规划学刊，1：58-66.
史培军，陈晋，潘耀忠，等. 2000. 深圳市土地利用变化机制分析[J]. 地理学报，55（2）：151-160.
宋章建，曹宇，谭永忠，等. 2015. 土地利用/覆被变化与景观服务：评估、制图与模拟[J]. 应用生态学报，5：1594-1600.

谭丽, 何兴元, 陈玮, 等. 2008. 基于 QuickBird 卫星影像的沈阳城市绿地景观格局梯度分析[J]. 生态学杂志, 27（7）：1141-1148.

汪荣. 2007. 福建茫荡山自然保护区森林景观格局研究[J]. 中南林业科技大学学报, 27（4）：150-153.

王兵, 鲁绍伟. 2009. 中国经济林生态系统服务价值评估[J]. 应用生态学报, 20（2）：417-425.

王桂新. 2013. 城市化基本理论与中国城市化的问题及对策[J]. 人口研究, 6：43-51.

王计平, 杨磊, 卫伟, 等. 2011. 黄土丘陵区景观格局对水土流失过程的影响——景观水平与多尺度比较[J]. 生态学报, 31（19）：5531-5541.

王绍强, 周成虎. 1999. 中国陆地土壤有机碳库的估算[J]. 地理研究, 4：349-356.

王宪礼, 胡远满, 布仁仓. 1996. 辽河三角洲湿地的景观变化分析[J]. 地理科学, 16（3）：69-74.

王宪礼, 肖笃宁, 布仁仓, 等. 1997. 辽河三角洲湿地的景观格局分析[J]. 生态学报, 17（3）：317-323.

王晓峰, 任志远, 谭克龙. 2006. 陕北长城沿线地区生态系统服务价值变化研究[J]. 干旱区地理, （2）：243-247.

温兆飞, 张树清, 白静, 等. 2012. 农田景观空间异质性分析及遥感监测最优尺度选择——以三江平原为例[J]. 地理学报, 67（3）：346-356.

巫涛. 2012. 长沙城市绿地景观格局及其生态服务功能价值研究[D]. 长沙: 中南林业科技大学博士学位论文.

吴翠, 唐万鹏, 史玉虎, 等. 2008. 长湖湿地生态价值评价[J]. 湖北林业科技, （1）：41-45.

吴撼地. 2015. 调整农业结构决不能减少粮食生产[N]. 北京: 人民日报[2015-08-13007].

吴季秋. 2012. 基于 CA-Markov 和 InVEST 模型的海南八门湾海湾生态综合评价[D]. 海口: 海南大学硕士学位论文.

吴克宁, 李玲, 吕巧灵, 等. 2004. 郑州城市化过程中土壤演变与生态环境效应[A]. 中国土壤学会. 中国地壤学会第十次全国会员代表大会暨第五届海峡两岸土壤肥料学术交流研讨会文集（面向农业与环境的土壤科学专题篇）[C]. 中国土壤学会: 3.

吴哲, 陈歆, 刘贝贝, 等. 2013. InVEST 模型及其应用的研究进展[J]. 热带农业科学, 4：58-62.

武鹏飞, 周德民, 宫辉力. 2013. 线性抽样及分形理论在景观异质性研究中的应用[J]. 地理研究, 32（8）：1391-1401.

肖笃宁, 赵羿. 1990. 沈阳西郊景观格局变化的研究[J]. 应用生态学报, （1）：75-84.

肖明. 2011. GIS 在流域生态环境质量评价中的应用[D]. 海口: 海南大学硕士学位论文.

谢高地, 鲁春霞, 冷允法, 等. 2003. 青藏高原生态资源的价值评估[J]. 自然资源学报, 18（2）：189-196.

徐丽华, 岳文泽, 曹宇. 2007. 上海市城市土地利用景观的空间尺度效应[J]. 应用生态学报, 12：2827-2834.

许学强, 周一星, 宁越敏. 1996. 城市地理学[M]. 北京: 高等教育出版社: 36-39.

薛达元. 1999. 自然保护区生物多样性经济价值类型及其评估方法[J]. 农村生态环境, 2：55-60.

薛达元, 包浩生. 1999. 长白山自然保护区生物多样性旅游价值评估研究[J]. 自然资源学报, 4（2）：140-145.

杨锋. 2008. 河南省土壤数据库的构建及其应用研究[D]. 郑州: 河南农业大学硕士学位论文.

杨凯, 赵军. 2005. 城市河流生态系统服务的 CVM 估值及其偏差分析[J]. 生态学报, 25（6）：

1391-1396.

尹飞, 毛任钊, 傅伯杰, 等. 2006. 农田生态系统服务功能及其形成机制. 应用生态学报, 17 (5): 929-934.

尹锴, 赵千钧, 崔胜辉, 等. 2009. 城市森林景观格局与过程研究进展[J]. 生态学报, 29 (1): 389-398.

张保华, 谷艳芳, 丁圣彦, 等. 2007. 农业景观格局演变及其生态效应研究进展[J]. 地理科学进展, 26 (1): 114-122.

张宏锋, 欧阳志云, 郑华. 2007. 生态系统服务功能的空间尺度特征[J]. 生态学杂志, 9: 1432-1437.

张金屯, 邱扬, 郑凤英. 2000. 景观格局的数量研究方法[J]. 山地学报, 18 (4): 346-352.

张立伟, 傅伯杰. 2014. 生态系统服务制图研究进展[J]. 生态学报, 2: 316-325.

张秋菊, 傅伯杰, 陈利顶. 2003. 关于景观格局演变研究的几个问题[J]. 地理科学, 23 (3): 264-270.

张振明, 刘俊国. 2011. 生态系统服务价值研究进展[J]. 环境科学学报, 31 (9): 1835-1842.

郑姚闽, 牛振国, 宫鹏, 等. 2013. 湿地碳计量方法及中国湿地有机碳库初步估计[J]. 科学通报, 2: 170-180.

周玉荣, 于振良, 赵士洞. 2000. 我国主要森林生态系统碳贮量和碳平衡[J]. 植物生态学报, 5: 518-522.

朱敏. 2012. 气候变化背景下白马雪山生境质量评估研究[D]. 昆明: 昆明理工大学硕士学位论文.

Alam SA, Starr M, Clark BJF. 2013. Tree biomass and soil organic carbon densities across the Sudanese woodland savannah: A regional carbon sequestration study[J]. Journal of Arid Environments, 89: 67-76.

Bagstad KJ, Villa F, Johnson GW, et al. 2011. ARIES-artificial intelligence for ecosystem services: A guide to models and data, version1.0[Z]. USA: The ARIES Consortium.

Bennett EM, Peterson GD, Gordon LJ. 2009. Understanding relationships among multiple ecosystem services[J]. Ecology Letters, 12 (12): 1394-1404.

Bolte JP, Hulse DW, Gregory SV, et al. 2007. Modeling biocomplexity-actors, landscapes and alternative futures[J]. Environmental Modelling & Software, 22 (5): 570-579.

Bronstert A, Niehoff D, Bürger G. 2002. Effects of climate and land-use change on storm runoff generation: present knowledge and modelling capabilities[J]. Hydrological Processes, 16 (2): 509-529.

Brown G, Brabyn L. 2012. The extrapolation of social landscape values to a national level in New Zealand using landscape character classification[J]. Applied Geography, 35 (1): 84-94.

Bürgi M, Hersperger AM, Schneeberger N. 2004. Driving forces of landscape change-current and new directions[J]. Landscape Ecology, 19 (8): 857-868.

Burkhard B, Kroll F, Müller F, et al. 2009. Landscapes' capacities to provide ecosystem services-a concept for land-cover based assessments[J]. Landscape Online, 15 (1): 22.

Chad M, Navin R, Foley JA. 2008. Farming the planet: 2. Geographic distribution of crop areas, yields, physiological types, and net primary production in the year 2000[J]. Global Biogeochemical Cycles,

22（1）：89-102.

Chee YE. 2004. An ecological perspective on the valuation of ecosystem services[J]. Biological Conservation, 120（4）：549-565.

Costanza R. 1997. The value of the world's ecosystem services and natural capital[J]. World Environment, 387：253-260.

Daily GC, Matson PA. 2008. Ecosystem services: From theory to implementation[J]. Proceedings of the National Academy of Sciences, 105（28）：9455-9456.

Daily GC, Polasky S, Goldstein J, et al. 2009. Ecosystem services in decision making: time to deliver[J]. Frontiers in Ecology and the Environment, 7（1）：21-28.

Daily GC. 1997. Nature's services: societal dependence on natural ecosystems[J]. Natures Services Societal Dependence on Natural Ecosystems, 1：220-221.

Daniel TC, Muhar A, Arnberger A, et al. 2012. Contributions of cultural services to the ecosystem services agenda[J]. Proceedings of the National Academy of Sciences, 109（23）：8812-8819.

Dresser C, McKee I. 2001. Evaluation of Integrated Suface Water and Ground Water Modeling Tools[A]. 160. 17（5）：929-934.

Forman RTT, Godron M. 1986. Landscape Ecology[M]. New York: John Wiley&Sons.

Grimmond S. 2007. Urbanization and global environmental change: local effects of urban warming[J]. Geographical Journal, 173（1）：83-88.

Hou Y, Burkhard B, Müller F. 2013. Uncertainties in landscape analysis and ecosystem service assessment[J]. Journal of Environmental Management, 127：S117-S131.

Howe C, Suich H, Vira B, et al. 2014. Creating win-wins from trade-offs? Ecosystem services for human well-being: a meta-analysis of ecosystem service trade-offs and synergies in the real world[J]. Global Environmental Change, 28：263-275.

Jaimes NBP, Sendra JB, Delgado MG, et al. 2010. Exploring the driving forces behind deforestation in the state of Mexico (Mexico) using geographically weighted regression[J]. Applied Geography, 30（4）：576-591.

Jenkins WA, Murray BC, Kramer RA, et al. 2010. Valuing ecosystem services from wetlands restoration in the Mississippi Alluvial Valley[J]. Ecological Economics, 69（5）：1051-1061.

Jopke C, Kreyling J, Maes J, et al. 2015. Interactions among ecosystem services across Europe: Bagplots and cumulative correlation coefficients reveal synergies, trade-offs, and regional patterns[J]. Ecological Indicators, 49：46-52.

Kremen C, Ostfeld RS. 2005. A call to ecologists: measuring, analyzing, and managing ecosystem services [J]. Frontiers in Ecology&the Environment, 3（10）：540-548.

Kremen C. 2005. Managing ecosystem services: what do we need to know about their ecology[J]. Ecology Letters, 8（5）：468-479.

Krönert R, Baudry J, Bowler IR, et al. 1999. Land-use Changes and Their Environmental Impact in Rural Areas in Europe[M]. New York: Parthenon Publishing Group.

Leh MDK, Matlock MD, Cummings EC, et al. 2013. Quantifying and mapping multiple ecosystem services change in West Africa[J]. Agriculture, Ecosystems & Environment, 165：6-18.

Levin SA. 1992. The problem of pattern and scale in ecology: the Robert H. MacArthur award lecture[J]. Ecology, 73 (6): 1943-1967.

Liu S, Costanza R, Farber S, et al. 2010. Valuing ecosystem services: theory, practice, and the need for a transdisciplinary synthesis[J]. Annals of the New York Academy of Sciences, 1185 (2): 54-78.

Mastrangelo ME, Weyland F, Villarino SH, et al. 2014. Concepts and methods for landscape multifunctionality and a unifying framework based on ecosystem services[J]. Landscape Ecology, 29 (2): 345-358.

Mdk L, Matlack MD, Cummings EC, et al. 2013. Quantifying and mapping multiple ecosystem services change in West Africa[J]. Agriculture Ecosystems & Environment, 165 (1751): 6-18.

Millennium Ecosystem Assessment (MA). 2005. Ecosystems and Human Well-being[M]. Washington, D. C. : Island Press.

Mouchet MA, Lamarque P, Martín-López B, et al. 2014. An interdisciplinary methodological guide for quantifying associations between ecosystem services[J]. Global Environmental Change, 28: 298-308.

Nahuelhual L, Carmona A, Aguayo M, et al. 2014. Land use change and ecosystem services provision: a case study of recreation and ecotourism opportunities in southern Chile[J]. Landscape Ecology, 29 (2): 329-344.

Nahuelhual L, Carmona A, Lozada P, et al. 2013. Mapping recreation and ecotourism as a cultural ecosystem service: an application at the local level in Southern Chile[J]. Applied Geography, 40 (1): 71-82.

Naveh Z, Lieberman AS. 1990. Landscape Ecology: Theory and Application[M]. New York: Springer-Verlag.

Nelson E, Mendoza G, Regetz J, et al. 2009. Modeling multiple ecosystem services, biodiversity conservation, commodity production, and tradeoffs at landscape scales[J]. Frontiers in Ecology and the Environment, 7 (1): 4-11.

O'Neill RV, Krummel JR, Gardner RH, et al. 1988. Indices of landscape pattern[J]. Landscape Ecology, 1 (3): 153-162.

Pan JH, You-Cai SU, Huang YS, et al. 2012. Land use & landscape pattern change and its driving forces in Yumen City[J]. Geographical Research, 7 (3): 42-43.

Paruelo JM, Burke IC, Lauenroth WK. 2001. Land-use impact on ecosystem functioning in eastern Colorado, USA[J]. Global Change Biology, 7: 631-639.

Pearce D. 1998. Cost benefits analysis and environmental policy[J]. Oxford Review of Economic Policy, 14: 84-100.

Pergams ORW, Zaradic PA. 2008. Evidence for a fundamental and pervasive shift away from nature-based recreation[J]. Proceedings of the National Academy of Sciences, 105 (7): 2295-2300.

Raich JW, Nadelhoffer KJ. 1989. Below ground carbon allocation in forest ecosystems: global trends[J]. Ecology, 70 (5): 1346-1354.

Randall A. 2002. Benefit cost considerations should be decisive when there is nothing more important at stake[M]. Oxford: Blackwell Publishing.

Rodríguez JP, Beard TD, Bennett EM, et al. 2006. Trade-offs across space, time, and ecosystem services[J]. Ecology and Society, 11 (1): 28.

Schägner JP, Brander L, Maes J, et al. 2012. Mapping ecosystem services' values: Current practice and future prospects[J]. Ecosystem Services, 4: 33-46.

Schneider A, Logan KE, Kucharik CJ. 2012. Impacts of urbanization on ecosystem goods and services in the US Corn Belt[J]. Ecosystems, 15 (4): 519-541.

Shaw MR, Pendleton L, Cameron DR, et al. 2011. The impact of climate change on California's ecosystem services[J]. Climatic Change, 109 (1): 465-484.

Spash CL. 2000. The Concerted Action on Environmental Valuation in Europe (EVE): an Introduction[M]. Cambridge: Cambridge Research for the Environment.

Stehman SV. 1997. Selecting and interpreting measures of thematic classification accuracy[J]. Remote Sensing Environ, 62: 77-89.

Tallis H, Ricketts T, Guerry A, et al. 2013. InVEST 2.6.0 User's Guide: Integrated Valuation of Environmental Services and Tradeoffs. Stanford: The Natural Capital Project.

Turner KG, Odgaard MV, Bøcher PK, et al. 2014. Bundling ecosystem services in Denmark: Trade-offs and syner-gies in a cultural landscape[J]. Landscape and Urban Planning, 125: 89-104.

Turner MG, Gardner RH. 1991. Quantitative Methods in Landscape Ecology: the Analysis and Interpretation of Landscape Heterogeneity[M]. New York: Springer-Verlag.

Turner MG. 2005. Landscape ecology in North America: past, present, and future[J]. Ecology, 86 (8): 1967-1974.

Vigerstol KL, Aukema JE. 2011. A comparison of tools for modeling freshwater ecosystem services[J]. Journal of Environmental Management, 92 (10): 2403-2409.

Villa F, Ceroni M, Bagstad K, et al. 2009. ARIES (artificial intelligence for ecosystem services): A new tool for ecosystem services assessment, planning, and valuation[C]. Venice: 11th annual BIOECON conference on economic instruments to enhance the conservation and sustainable use of biodiversity, conference proceedings.

Wang W, Guo H, Chuai X, et al. 2014. The impact of land use change on the temporospatial variations of ecosystems services value in China and an optimized land use solution[J]. Environmental Science & Policy, 44: 62-72.

Westman WE. 1977. How much Are nature's services worth[J]. Science, 197 (4307): 960-964.

Wilson CL, Matthews WH. 1970. Mans impact on the global environment: assessment and recommendations for action[J]. Report of the Study of Critical Environment Problems (SCEP) 1970. Cambridge: Cambridge Massachusetts MIT Press: 319.

Yu ZY, Bi H. 2011. The key problems and future direction of ecosystem services research[J]. Energy Procedia, 5: 64-68.

附 录

基于土地利用变化下的河南省生态系统服务价值变化与模拟

摘要：在地理信息技术平台的支持下，对河南省2000~2010年的土地利用类型变化进行分析，采用马尔可夫数学模型对2020年的土地利用类型变化进行预测。在此基础上，结合Costanza和谢高地的研究方法对河南省2000~2020年的生态系统服务价值进行量化处理。结果表明，河南省整体的生态系统服务功能处于下降趋势，环境净化能力等持续降低。

关键词：土地利用；生态系统服务价值；河南

Change analysis and simulation on ecosystem service value based on land use change in Henan Province

Abstract: Based on the geographic information system platform, we use mathematic model to analyze the land use change of Henan Province from 2000 to 2010, and simulate the land use change of 2020. Then, we get ecosystem services value of Henan in 2000 to 2020 by using the methods of Costanza and XIE Gao-di to calculate the ecosystem services value. The results prove that Henan ecosystem service function shows a downward trend, and its environment purification capacity decreases consistently.

Keywords: land use; the value of ecosystem service; Henan

生态系统服务价值是指通过生态系统的结构、过程和功能直接或间接提供的生命支持产品（如原材料和食物等）和服务（如栖息地提供等），不仅为人类提供了生产生活原料，还创造和维持了地球生命支持系统，形成了人类生存所必需的环境条件[1]。土地利用作为人类最基本的实践活动，对维持和改变生态系统服务功能起着决定性的作用[2, 3]。土地利用变化/覆被变化引起各类生态系统面积、空间分布格局等的变化，直接导致生态系统服务的存在和强度变化[4]，进而对人类生存环境存在和健康与否产生影响。目前，全球环境恶化日趋，土地利用/覆被变化背景下的生态系统服务（LUCC）已经成为全球环境变化的核心研究领域之一，研究土地利用/

覆盖背景下的生态系统服务价值变化对维持人类环境健康,促进区域生态建设,研究区域可持续发展具有重要意义[5,6]。早期的一些研究集中在定性分析土地利用变化和生态系统服务价值的关系,近期在 3S 技术的支持下,国内外研究逐步开始采用数学模型对土地利用覆盖变化和生态系统服务变化进行具体的计算和模拟[7,8]。长期以来,政策制定者在制定土地相关政策时,由于对土地利用覆盖背景下的生态系统服务变化缺乏有效的评估和预测方法,在经济效益和环境价值的比选中常常无法得到科学的权衡方案。政策的经济价值的预测相对成熟,而生态服务价值的评估仍处于探讨阶段[9]。随着土地利用方式的改变,景观异质性也发生了重大改变,景观生态系统服务的功能和稳定性产生了巨大的影响[10],研究其土地利用背景下生态系统服务的影响有着代表性的意义。本研究以河南省为例,结合土地利用等数据,采用数学模型对土地利用变化/覆被变化背景下的生态系统服务价值变化进行分析,并对其模拟预测,以期提高公众的生态保护意识,同时为区域土地资源的可持续利用、生态环境健康与经济建设的政府决策权衡提供依据。

1 研究区概况

河南位于中国中东部,北纬 $31°23'\sim36°22'$,东经 $110°21'\sim116°39'$。地势西高东低,北、西、南三面千里太行山脉、伏牛山脉、桐柏山脉、大别山脉沿省界呈半环形分布;中、东部为华北平原南部;西南部为南阳盆地,跨越黄河、淮河、海河、长江四大水系,山水相连。面积 16.7 万 km^2,居全国省区市第 17 位,约占全国总面积的 1.73%。在全省面积中,山地丘陵面积 7.4 万 km^2,占全省总面积的 44.3%;平原和盆地面积 9.3 万 km^2,占总面积的 55.7%。复杂多样的土地类型为农、林、牧、渔业的综合发展提供了有利的条件。

2 研究方法

2.1 数据来源和数据处理

河南省 2000 年地图数据采用当时土地利用图,2010 年地图采用 1∶10 000 的地形图为几何校正的主控图件,采用控制点校正方式对 TM 影像数据进行几何校正,精度控制在 0.5 个像元以内,然后实地进行重采样对比,吻合度达到 87%以上。结合中国土地利用现状分类标准,将河南省土地分为:耕地、林地、草地、水域、居民工矿用地和未利用地。

2.2 生态系统服务价值计算方法及模型

研究区不同土地利用生态系统服务参照 Costanza 等的文献,分为气体调节、气候调节、水源涵养、土壤形成与保护、废物处理、生物多样性保护、食物生产、原材料和娱乐文化 9 类[1]。河南省生态系统服务价值当量因子的确定可以参考相关文献（文献11）的"中国生态系统服务价值当量因子表"，同时根据生态服务价值的区域修正系数（河南省为 1.39）[11,12]，制定河南省不同土地利用类型的生态系统服务单位价值表，见表1。

表1 河南省不同土地利用类型单位面积生态系统服务价值
Table 1 Ecosystem services value unit area with different land use types in the Henan Province

生态服务类型 Ecosystem service types	单位面积生态服务价值/(元/hm²) Ecosystem services value per unit area					
	耕地 Cultivated land	林地 Forest land	草地 Grassland	水域 Water area	居民工矿用地 Settlements and mining sites	未利用地 Unused land
气体调节 Gas regulation	614.9	2 644.5	984.0	0.0	0.0	1 604.2
气候调节 Climate regulation	1 094.7	2 214.0	1 107.3	565.8	0.0	15 240.5
水源涵养 Water conservation	737.9	2 459.9	984.0	25 066.1	−9 282.4	13 851.5
土壤形成与保护 Soil formation	1 795.7	3 543.2	2 398.5	12.2	0.0	1 548.6
废物处理 Waste treatment	2 017.2	1 611.3	1 611.3	22 360.4	−302.5	16 215.5
生物多样性保护 Biodiversity protection	873.2	2 675.2	1 340.6	3 062.6	0.0	2 646.3
食物生产 Food production	1 230.0	246.1	369.1	123.0	0.0	279.6
原材料 Raw materials	123.0	1 629.6	61.4	12.2	0.0	62.3
娱乐文化 Recreation	12.2	509.6	49.3	5 337.9	0.0	6 441.4

利用公式（1）～（3）计算各个土地利用类型的服务价值、各项服务功能的价值和生态系统服务的总价值[1]。

$$\mathrm{ESV}_k = A_k \times \sum_1^m V_f \tag{1}$$

$$\mathrm{ESV}_f = V_f \times \sum_1^n A_k \tag{2}$$

$$\mathrm{ESV} = \sum_1^m \sum_1^n A_k \times V_f \tag{3}$$

式中，ESV 为总生态系统服务价值；ESV_k 为第 k 类土地类型的生态系统服务价值，$1 \leqslant k \leqslant n$；$ESV_f$ 为第 f 类生态系统服务价值，$1 \leqslant f \leqslant m$；$V_f$ 为第 k 类土地利用类型中第 f 项生态服务价值；A_k 为第 k 类土地类型中第 f 项的面积。

2.3 土地利用类型及生态系统服务价值变化预测模型

目前土地利用变化和生态系统服务价值评估多集中于对以往或当前的变化进行描述，缺乏对未来土地利用及生态价值变化的评估，马尔可夫过程可以预测在未来土地利用类型以及生态系统服务价值的变化[13]。假设在保持当前人为影响不变的情况下，土地利用变化满足平稳的马尔可夫链，未来土地利用类型变化即相互转换的面积数量或比例即可通过马尔可夫转移概率进行描述，具体公式如（4）、（5）。

$$P = \begin{vmatrix} p_{11} & p_{12} & \cdots & p_{1n} \\ p_{21} & p_{22} & \cdots & p_{2n} \\ \vdots & \vdots & & \vdots \\ p_{n1} & p_{n2} & \cdots & p_{nn} \end{vmatrix}, \sum_{i=1}^{n} p_{ij} = 1(i, j = 1, 2, \cdots, n), 0 \leqslant p_{ij} \leqslant 1 \quad (4)$$

$$s_t = s_0 \times p \quad (5)$$

式中，P 为转移概率矩阵；p_{ij} 为第 i 类土地类型转化为第 j 类土地类型的概率；n 为土地利用类型数；s_t 为预测 t 时间段后的土地利用类型面积矩阵；s_0 为初始状态面积矩阵。根据面积转移的变化，可以预测若干时间段后土地利用类型的面积变化。

3 结果与分析

3.1 土地利用类型变化

利用两期的土地利用类型图，在地理信息技术平台的支持下，对 2000 年及 2010 年的河南省土地利用类型变化进行统计，结合表 1 和公式（1）、（2）、（3）得出研究区土地利用类型变化（表2）。2000~2010 年，各种土地利用类型变化不大。自然发展为主的土地利用类型（草地、林地、水域、未利用地）除林地外均在减少，即自然资源比例逐渐降低，但降低速率较低，林地的增加与同时期林业的重视和植树造林活动相关。居民工矿用地和耕地两种人工干涉较多的土地类型比例均在增加，居民工矿用地增加最快，增加面积约 1155.7km²。未利用地变化最大，且为负值，说明土地利用强度增大，未利用土地持续被开发。

表2 河南省2000~2010年土地利用/覆盖变化
Table 2 The change area of land use in Henan Province from 2000 to 2010

土地利用类型 land-use type	2000年 面积/km² Area	2000年 比例/% Percentage	2010年 面积/km² Area	2010年 比例/% Percentage
耕地 Cultivated land	107 930	65.2	108 030.6	65.2
林地 Forest land	26 872.7	16.2	26 976.4	16.8
草地 Grassland	10 289.1	6.2	9 479	5.7
水域 Water area	4 032.1	2.5	3 572	2.2
居民工矿用地 Settlements and mining sites	16 320.2	9.8	17 475.9	10.6
未利用地 Unused land	174.0	0.1	85.7	0.1

3.2 不同土地类型的生态系统服务价值的变化与分析

对于单项生态系统服务价值的变化如表3所示。2000~2010年，各单项生态系统服务价值整体处于下降趋势，反映了河南省整体生态环境的退化，其中原材料和土壤形成与保护的价值基本维持不变，原材料价值在河南省主要以粮食生产价值为主，虽然表3所示耕地面积有所增加，但河南省整体生态系统服务能力的退化导致其生产能力的降低使其总值大约维持不变。单项生态系统服务价值中变化最大的是废物处理，即环境的净化能力降低最多，与河南省此时间段内环境质量下降的现状吻合。

表3 河南省2000~2010年不同生态系统服务价值构成及变化
Table 3 Different ecosystem value changes in Henan Province from 2000 to 2010

生态系统服务类型 Ecosystem service types	气体调节 Gas regulation	气候调节 Climate regulation	水源涵养 Water conservation	土壤形成与保护 Soil formation	废物处理 Waste treatment	生物多样性保护 Biodiversity protection	食物生产 Food production	原材料 Raw materials	娱乐文化 Recreation
价值/×10^{10}元 Value (×10^{10}yuan) 2000	0.7	2.3	3.8	1.0	4.9	1.2	0.3	0.2	1.4
2010	0.6	2.2	3.7	1.0	4.7	1.1	0.2	0.2	1.3
变化 Change	−0.1	−0.1	−0.1	0	−0.2	−0.1	−0.1	0	−0.1

3.3 2020年土地利用类型及生态系统服务的变化预测

在地理信息系统技术平台的支持下，对2000~2010年的影像进行处理，得出此时间段内各种土地利用类型之间的相互转换变化如表4所示。据表4求出各个土地类型之间的转化概率。在人为影响不变的情况下，根据其转化概率采用马尔可夫原理对2020年的土地利用类型面积进行预测，结果如表5所示；对2020年的生态系统服务价值变化进行预测并与2000年和2010年的生态系统服务价值进行比较，结果如表6所示。

表4 河南省2000~2010年土地类型转化面积
Table 4 Land change area of Henan from 2000 to 2010

2000年土地类型面积 Land types area in 2000	2010年土地类型面积/km² Land type area in 2010					
	耕地 Cultivated land	林地 Forest land	草地 Grassland	水域 Water area	居民工矿用地 Settlements and mining sites	未利用地 Unused land
耕地 Cultivated land	105 401	44	17	170	1	4
林地 Forest land	260	26 470	131	3	10	0
草地 Grassland	507	448	9 294	15	9	1
水域 Water area	637	15	26	3 249	6	20
居民工矿用地 Settlements and mining sites	0	0	0	0	16 216	0
未利用地 Unused land	90	1	9	15	0	60

据马尔可夫原理预测结果如表5所示，2020年耕地、未利用地的面积略为减少，草地、水域面积持续降低，林地面积变化不大。随着土地利用强度的加大，未利用土地面积持续减小，但是由于其所占比例过低，可开发利用余地不大，因此面积减小不大。林地和草地之间的面积转化相对较大，居民工矿用地小幅增加，均为其他类型土地转化而来，本身并未转化为其他用地。水域的减小主要受耕地的侵占为主，侧面反映了干旱情况的加剧和耕地面积的扩大。

表5 河南省2000年、2010年和2020年土地利用类型面积
Table 5 The area of different land use types of Henan Province in 2000, 2010 and 2020

年份 Year	土地利用类型面积/km² Land use area					
	耕地 Cultivated land	林地 Forest land	草地 Grassland	水域 Water area	居民工矿用地 Settlements and mining sites	未利用地 Unused land
2000	107 930	26 872.7	10 289.1	4 032.1	16 320.2	174
2010	108 030.6	26 976.4	9 479	3 572	17 475.9	85.7
2020	107 228.9	26 816.9	8 571.1	2 936.8	17 475.9	64.9

由表6可以看出，河南省总体生态系统服务价值呈下降趋势，从2000年的15.6×10^{10}元到14.6×10^{10}降低了约6.4%，其中水域的生态系统服务价值降低最多，结合表6，水域的面积占河南省面积比值较低，对生态系统服务的价值贡献较高。其他各项生态系统服务价值基本不变或略有下降。

表6 河南省2000年、2010年和2020年生态系统服务价值
Table 6 Ecosystem services value of Henan Province in 2000, 2010 and 2020

土地利用类型 Land-use types		耕地 Cultivated land	林地 Forest land	草地 Grassland	水域 Water area	居民工矿用地 Settlements and mining sites	未利用地 Unused land	合计 Summation
生态系统服务价值/$\times 10^{10}$元 Ecosystem service value ($\times 10^{10}$ yuan)	2000	9.2	4.7	0.9	2.3	−1.6	0.1	15.6
	2010	9.2	4.7	0.8	2.0	−1.7	0.0	15.0
	2020	9.1	4.7	0.8	1.7	−1.7	0.0	14.6

4 结论与讨论

（1）河南省在2000年、2010年和2020年间随着社会的发展，土地利用强度持续增大，生态系统服务价值逐年降低。

（2）单位以及总体水域面积的减少带来的生态系统服务价值降低值在所有土地类型中最高，反映了水域面积在维持河南省2000~2020年生态系统服务价值中的重要性和敏感性。同时，根据马尔可夫面积转移矩阵分析，水域面积的减小部分大多转化为耕地面积，这侧面反映了河南省干旱程度的加剧，即低水位地区转化为水田，水田转化为旱地的趋势。

（3）生态系统服务指标的整体降低中，废物处理价值降低值最多，这与环境对社会提供的生态效益的不堪重负现状吻合。随着河南省人口的增加和经济的持续发展，人类社会对环境净化能力的要求逐渐增强，环境生态系统服务功能逐年降低，生态系统服务和社会发展的矛盾日益尖锐。政府在进行经济建设的同时必须对经济效益值和生态服务价值进行权衡，保证环境和经济健康发展。

参 考 文 献

[1] Costanza R, Arge R, Groot R, et al. The value of the world's ecosystem services and natural capital[J]. Nature, 1997, 387: 253-260.

[2] 黄青, 孙洪波, 王让会, 等. 干旱区典型山地: 绿洲: 荒漠系统中绿洲土地利用/覆盖变化对生态系统服务价值的影响[J]. 中国沙漠, 2007, 27（1）: 76-81.

[3] 蒋小荣, 李丁, 李智勇. 基于土地利用的石羊河流域生态服务价值[J]. 中国人口·资源与环境, 2010, 20（6）: 68-73.

[4] Turner Ⅱ B L, Skole D, Sanderson H, et al. Land-use and land-cover change science/research plan [R]. IHDP report No.7, 1995.

[5] 孙慧兰, 李卫红, 陈亚鹏, 等. 新疆伊犁河流域生态服务价值对土地利用变化的响应[J]. 生态学报, 2010, 30（4）: 887-894.

[6] 王友生, 余新晓, 贺康宁, 等. 基于土地利用变化的怀柔水库流域生态服务价值研究[J]. 农业工程学报, 2012, 28（5）: 246-251.

[7] Viglizzo Ef, Frank Fc. Land-use options for Del Plata Basin in South America: tradeoffs analysis based on eco system service provision[J]. Ecol Econ, 2006, 57: 140-151.

[8] Cardinale Bj, Srivastava Ds, Duffy Je, et al. Biodiversity loss and its impact on humanity[J]. Nature, 2012, 486: 59-67.

[9] 白杨, 郑华, 庄长伟, 等. 白洋淀流域生态系统服务评估及其调控[J]. 生态学报, 2013, 33（3）: 711-717.

[10] 梁国付. 伊洛河流域景观动态及其径流效应研究——以伊河上游为例[D]. 开封: 河南大学, 2010.

[11] 谢高地, 卢春霞, 成升魁. 全球生态系统服务价值评估研究进展[J]. 资源科学, 2001, 23（6）, 5-9.

[12] 谢高地, 肖玉, 甄霖, 等. 我国粮食生产的生态服务价值研究[J]. 中国生态农业学报, 2005, 13（3）: 10-13.

[13] 吴大千, 刘健, 贺同利, 等. 基于土地利用变化的黄河三角洲生态服务价值损益分析[J]. 农业工程学报, 2009, 25（8）: 256-261.

土地利用/覆盖变化背景下的生态系统服务分析
——以河南省为例

摘要：土地利用/覆盖变化下的生态系统服务变化是研究全球环境变化的基础方向之一，采用地理信息系统技术对河南省1980~2000年的土地利用数据进行处理，结合 Costanza 和谢高地等的研究方法构建数学模型对河南省土地利用覆盖下的生态系统服务变化进行量化分析，得出此期间河南省土地的综合利用动态度为1.7%，伴随产生 6×10^9 元生态系统服务价值的变化。研究表明，河南省生态系统服务价值逐渐降低,在耕地和林地面积相对变化不大的情况下,水域面积变化对河南省生态系统服务价值降低的影响最大。研究结果为下一步基于格局和过程的生态系统服务价值变化提供基础,为河南省政府决策提供参考。

关键词:土地利用;生态系统服务;价值;河南省

Analysis on ecosystem service based on land use/coverage change in Henan Province

Abstract: Study ecosystem service based on land use/coverage change is the basic research fields of globe environment change. With the aim to investigate variations in ecosystem services in response to land use changes, techniques of geographic information system and methods of Costanza and Xie Gao-di were integrated into the evaluation model to calculate the ecosystem services value in Henan Province from 1980 to 2000. The result shows that: the index of total change of land use is 1.7% which led to the ecosystem service value of 6×10^9 yuan. Henan ecosystem service has fallen down in this term. If there is little change of area of cultivated land and woodland, change of area of water is a import index in the decreasing of ecosystem service value. This paper can make a base of ecosystem service change which based on pattern and process, and provide suggestion for government to make decisions.

Keywords: land use; ecosystem service; value; Henan Province

土地利用/覆被变化(LUCC)已经成为全球环境变化的核心研究领域之一[1],也是导致全球生物多样性丧失和生态系统服务退化的直接原因[2]。土地利用/覆盖变化变化下的生态系统服务变化模拟已经成为国际研究的热点[3]。早期的一些研究集中在定性分析土地利用变化和生态系统服务价值的关系,近期在3S技术的支持下,国内外研究逐步开始采用数学模型对土地利用覆盖变化和生态系统服务变化进行具体的计算和模拟[4,5]。土地利用变化/覆被变化引起各类生态系统面积、空间分布格局等的变化,直接影响到生态系统服务的存在和强度[6]。土地利用作为人类最基本的实践活动,对维持和改变生态系统服务功能起着决定性的作用[7,8]。研究土地利用/覆盖背景下的生态系统服务价值变化对促进区域生态建设,研究区域可持续发展具有重要意义[9,10]。

河南是传统意义上的中原地区,也是中华文明的发源地。随着土地利用方式的改变,景观异质性也发生了重大改变,景观生态系统服务的功能和价值也产生了巨大的变化[11]。采用1980年和2000年的土地利用数据对河南省土地利用/覆盖变化进行研究，分析其生态系统服务价值的变化，为下一步基于格局和过程的生态系统服务价值变化提供基础，为河南省政府决策提供参考。

1 研究区概况

河南位于中国中东部，北纬 31°23′~36°22′，东经 110°21′~116°39′，地处沿海与中西部结合部，东与山东、安徽相邻，南连湖北，西接陕西，北与山西、河北结合，呈望北向南、承东启西之势。地势西高东低，北、西、南三面千里太行山脉、伏牛山脉、桐柏山脉、大别山脉沿省界呈半环形分布；中、东部为华北平原南部；西南部为南阳盆地，跨越黄河、淮河、海河、长江四大水系，山水相连。面积 16.7 万 km²，居全国省区市第 17 位，约占全国总面积的 1.73%。在全省面积中，山地丘陵面积 7.4 万 km²，占全省总面积的 44.3%；平原和盆地面积 9.3 万 km²，占总面积的 55.7%。复杂多样的土地类型为农、林、牧、渔业的综合发展提供了有利的条件。

2 研究方法

2.1 数据源和数据处理

河南省 1980 年地图数据采用当时土地利用图（实地测绘制图），2000 年地图采用 1∶10 000 的地形图为几何校正的主控图件，采用控制点校正方式对 TM 影像数据进行几何校正，精度控制在 0.5 个像元以内，然后实地进行重采样对比，吻合度达到 95% 以上。结合中国土地利用现状分类标准[12]以及本次研究需要将土地类型分为以下 6 类：1 耕地、2 林地、3 草地、4 水域、5 居民工矿用地和 6 未利用地。采用分层随机采样法，结合目视判读的结果、相近时期的土地利用图和地形图，利用误差矩阵方法对以上 4 期土地利用分类结果进行精度检验，2 期土地利用图 Kappa 系数均达到 0.90 以上。

2.2 土地利用类型变化分析模型

土地利用动态度可以定量地分析一定区域土地利用变化的程度。土地利用动态度可分为单一的土地利用动态度以及综合土地利用动态率和综合土地利用度。

单一的土地利用动态度直接反映了研究区内某种土地利用变化的速率，具体表达式为：

$$K=\frac{U_b-U_a}{U_a}\times\frac{1}{T}\times100\% \tag{1}$$

综合土地利用动态率是反映研究期内同一区域土地各种利用类型的相互转换的剧烈程度，公式表述为：

$$G = \frac{\sum_{i=1}^{n} U_b - U_a}{U_a} \times \frac{1}{T} \times 100\% \quad (2)$$

式中，U_a 和 U_b 分别为研究期初和研究期末某一种土地类型的面积；T 为研究期时长，当 T 的单位为年时，K 的值就是该研究区域单一类型土地利用年变化率；G 为年综合土地利用变化率。

2.3 生态系统服务价值计算方法及模型

研究区不同土地利用生态系统服务参照 Costanza 等的文献，分为气体调节、气候调节、水源涵养、土壤形成与保护、废物处理、生物多样性保护、生物多样性保护、食物生产、原材料和娱乐文化等 9 类[13]。河南省生态系统服务价值当量因子则参考谢高地等基于问卷调查的中国生态系统服务价值当量因子表，即不同用地类型单位面积每年的服务价值，同时根据谢高地等对生态服务价值的区域修正系数（河南省为1.39）[14-16]，制定河南省不同土地利用类型的生态系统服务单位价值表，如表 1 所示。

表1 河南省不同土地利用类型单位面积生态系统服务价值
Table 1 Ecosystem services value unit area with different land use types in the Henan Province

生态服务类型 Ecosystem service types	单位面积生态服务价值/（元/hm²） Ecosystem services value unit area					
	耕地 Cultivated land	林地 Forest land	草地 Grassland	水域 Water area	居民工矿用地 Settlements and mining sites	未利用地 Unused land
气体调节 Gas regulation	614.9	2 644.5	984.0	0.0	0.0	1 604.2
气候调节 Climate regulation	1 094.7	2 214.0	1 107.3	565.8	0.0	15 240.5
水源涵养 Water conservation	737.9	2 459.9	984.0	25 066.1	−9 282.4	13 851.5
土壤形成与保护 Soil formation	1 795.7	3 543.2	2 398.5	12.2	0.0	1 548.6
废物处理 Waste treatment	2 017.2	1 611.3	1 611.3	22 360.4	−302.5	16 215.5
生物多样性保护 Biodiversity protection	873.2	2 675.2	1 340.6	3 062.6	0.0	2 646.3
食物生产 Food production	1 230.0	246.1	369.1	123.0	0.0	279.6
原材料 Raw materials	123.0	1 629.6	61.4	12.2	0.0	62.3
娱乐文化 Recreation	12.2	509.6	49.3	5 337.9	0.0	6 441.4
合计 Summation	8 498.8	17 533.4	8 905.5	56 540.2	−9 584.9	57 889.9

根据式（3）～（5）计算各个土地利用类型的服务价值、各项服务功能的价值和生态系统服务的总价值[13]。

$$\mathrm{ESV}_k = A_k \times \sum_1^m V_f \qquad (3)$$

$$\mathrm{ESV}_f = V_f \times \sum_1^n A_k \qquad (4)$$

$$\mathrm{ESV} = \sum_1^m \sum_1^n A_k \times V_f \qquad (5)$$

式中，ESV 为总生态系统服务价值；ESV_k 为第 k 类土地类型的生态系统服务价值，$1 \leqslant k \leqslant n$；$\mathrm{ESV}_f$ 为第 f 类生态系统服务价值，$1 \leqslant f \leqslant m$；$V_f$ 为第 k 类土地利用类型中第 f 项生态服务价值；A_k 为第 k 类土地类型中第 f 项的面积。

3 结果与分析

3.1 土地利用/覆盖变化分析

河南省 1980～2000 年土地利用/覆盖变化如表 2 所示。耕地和林地的面积最大，约占河南省总面积的 81%，其中耕地（水地和旱地）约占土地利用类型的 65%，这与河南省是国家的农业大省的定位吻合，其次为草地、水域和居民工矿用地。河南省土地利用率高，未利用的土地面积（沙地、戈壁、盐碱地、沼泽地、裸土地、裸岩石砾地等其他）仅占河南省总面积的 0.1%。

表 2 河南省 1980～2000 年土地利用/覆盖变化
Table 2　Land use/cover change in Henan Province from 1980 to 2000

土地利用类型 Land-use type	1980 年 面积/km² Area	1980 年 比例 Percentage	2000 年 面积/km² Area	2000 年 比例 Percentage	变化的面积/km² Change area	变化面积所占的比例 Change area percentage	动态度 Dynamic degree
耕地 Cultivated land	107 927.1	65.2%	108 030.6	65.2%	103.5	0.000 959	0.005%
林地 Forest land	26 875.4	16.2%	26 976.4	16.8%	101	0.003 758	0.019%
草地 Grassland	10 289.4	6.2%	9 479	5.7%	−810.4	0.078 76	−0.394%
水域 Water area	4 072.1	2.5%	3 572	2.2%	−500.1	0.122 81	−0.614%
居民工矿用地 Settlements and mining sites	16 280.2	9.8%	17 475.9	10.6%	1 195.7	0.073 445	0.367%
未利用地 Unused land	175.0	0.1%	85.7	0.1%	−89.3	0.510 29	−2.551%

从 1980~2000 年的土地利用动态变化上分析，各种土地利用类型动态变化不大，均在 3%以内，综合土地利用动态率为 1.7。耕地和林地几乎没有变化，未利用地动态度最高，且为负值，说明土地利用强度增大，未利用土地继续被开发。居民工矿用地、水域和草地动态变化速度次之，居民工矿用地动态变化在三者中最快，为正值，与社会经济发展呈正相关；水域和草地动态变化较低，均为负值，所占面积和比例不同程度的降低；从土地变化面积上分析，自然发展为主的土地利用类型（草地、林地、水域、未利用地）除林地外均在减少，即自然资源比例逐渐降低、降低速率平缓，林地的增加与同时期林业的重视和植树造林活动相关。居民工矿用地和耕地两种人工干涉较多的土地类型比例均在增加，居民工矿用地增加最快，增加面积约 1195.7km²。

3.2 生态系统服务价值变化分析

根据表 1 和表 2 计算得出河南省 1980~2000 年生态系统服务价值构成及变化如表 3 所示。

表 3 河南省 1980~2000 年生态系统服务价值构成及变化
Table 3 Ecosystem services value and their variation in Henan Province from 1980 to 2000

土地利用类型 Land-use type		1 耕地 Cultivated land	2 林地 Forest land	3 草地 Grassland	4 水域 Water area	5 居民工矿用地 Settlements and mining sites	6 未利用地 Unused land	合计 Summation
生态系统服务 价值/元 Ecosystem service value（yuan）	1980 年	9.2×10^{10}	4.7×10^{10}	0.9×10^{10}	2.3×10^{10}	-1.6×10^{10}	0.1×10^{10}	15.6×10^{10}
	2000 年	9.2×10^{10}	4.7×10^{10}	0.8×10^{10}	2.0×10^{10}	-1.7×10^{10}	0.0×10^{10}	15.0×10^{10}
生态系统服务价值变化/元 Ecosystem service change value（yuan）		0	0	-0.1×10^{10}	-0.3×10^{10}	-0.1×10^{10}	-0.1×10^{10}	-0.6×10^{10}

具体生态系统服务价值变化与土地利用变化关系参照图 1。横坐标代表土地利用类型，标号 1~6 分别代表耕地、林地、草地、水域、居民工矿用地、未利用地；纵坐标代表面积及价值变化值。面积单位取 km²，价值变化单位取 10^6 元。

除居民工矿用地外，生态系统服务价值的变化和土地利用类型的变化呈现正相关关系，即其他用地类型面积的增加伴随着生态系统服务价值的增加，而居民工矿用地的增加却导致生态系统服务价值的降低。1980~2000 年，在耕地和林地面积基本保持不变的状态下，其他各种土地利用类型的生态系统服务价值均在降低，总价值降低约 0.6×10^{10} 元。水域在其面积变化值较小的情况下，生态服务价值变化最大，达到 0.3×10^{10} 元，与其单位面积较高的生态系统服务价值呈正相关。草地和居民工矿用地虽然面积变化值较大，但其单位面积生态系统服务价值较低，所以价值变化影响较小。未利用地情况类似于水域。

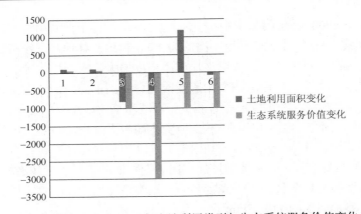

图 1 河南省 1980～2000 年土地利用类型与生态系统服务价值变化

Fig.1 Ecosystem services value variation for each land use changing in Henan Province from 1980 to 2000

4 结论与讨论

利用遥感和地理信息系统，获取河南省土地的利用/覆盖变化数据，同时构建生态系统服务评价模型对河南省 1980～2000 年的生态系统服务价值进行研究分析，结果如下。

（1）河南省土地利用率极高，未利用土地仅占 0.1%，而且 1980～2000 年不断加大，同时也说明此时期内，河南省总体土地利用价值较高；农田面积约占整个面积的 65%，展示其以农业为主的土地利用现状。农业生态系统服务价值约占总生态系统服务价值的 60%，农业以食物供给的生态系统服务为主，间接表明了河南省生态系统调节、支持等服务的弱化，根据生态系统的反馈和平衡原理，在面积不变、投入不变的情况下，食物供给服务会逐渐降低，即河南省的粮食产量会逐渐降低，河南省整体生态环境也会随着社会发展环境会进一步遭到破坏。

（2）河南省 1980～2000 年土地利用/覆盖发生变化较小，但是生态系统服务价值持续降低，在耕地和林地面积变化不明显的情况下，水域面积变化对河南省生态系统服务价值的影响最为显著，即水域是河南土地利用类型中对生态系统服务影响的最敏感因子。因此在政府对土地利用和开发的决策中，应充分加强对水域的保护，促进生态环境可持续发展。

（3）河南省 1980～2000 年的土地利用/覆盖变化整体动态度较低，表明了河南省两个时间端点的土地利用变化程度较小，不能准确反映这一时期各个土地类型的相互转化情况。只能阐述这一时期土地利用的变化状态和生态服务价值变化趋势，对变化过程的复杂程度仍是进一步研究的方向。

（4）土地利用/覆盖面积的变化对生态系统服务价值的影响巨大，但在面积维持不变的情况下，改变土地利用类型的格局对生态系统服务的量化影响，仍不确定。

参 考 文 献

[1] Vitousek PM, Mooney HA, Lubchenco J, et al. Human domination of Earth's ecosystems[J]. Science, 1997, 277: 494-499.

[2] Deffuant G, Alvarez I, Barreteau O, et al. Data and models for exploring sustainability of human well-being in global environmental change[J]. European Physics Journal Special Topics, 2012, 214 (1), 519-545.

[3] Verburg PH. Soepboer W, Limpiada R, et al. Land use change modeling at the regional scale: The CLUE, S model[J]. Environmental Management, 2002, 30 (3): 391-405.

[4] Viglizzo EF, Frank FC. Land-use options for Del Plata Basin in South America: tradeoffs analysis based on eco system service provision[J]. Ecol Econ, 2006, 57: 140-151.

[5] Cardinale BJ, Srivastava DS, Duffy JE, et al. Biodiversity loss and its impact on humanity[J]. Nature, 2012, 486: 59-67.

[6] Turner II B L, Skole D, Sanderson H, et al. Land-use and land-cover change science/research plan[R]. IHDP report No.7, 1995.

[7] 黄青, 孙洪波, 王让会, 等. 干旱区典型山地: 绿洲: 荒漠系统中绿洲土地利用/覆盖变化对生态系统服务价值的影响[J]. 中国沙漠, 2007, 27（1）: 76-81.

[8] 蒋小荣, 李丁, 李智勇. 基于土地利用的石羊河流域生态服务价值[J]. 中国人口·资源与环境, 2010, 20（6）: 68-73.

[9] 孙慧兰, 李卫红, 陈亚鹏, 等. 新疆伊犁河流域生态服务价值对土地利用变化的响应[J]. 生态学报, 2010, 30（4）: 887-894.

[10] 王友生, 余新晓, 贺康宁, 等. 基于土地利用变化的怀柔水库流域生态服务价值研究[J]. 农业工程学报, 2012, 28（5）: 246-251.

[11] 梁国付. 伊洛河流域景观动态及其径流效应研究——以伊河上游为例[D]. 开封: 河南大学, 2010.

[12] GB/T 21010—2007, 土地利用现状分类标准[S].

[13] Costanza R, Arge R, Groot R, et al. The value of the world's ecosystem services and natural capital[J]. Nature, 1997, 387: 253-260.

[14] 谢高地, 卢春霞, 成升魁. 全球生态系统服务价值评估研究进展[J]. 资源科学, 2001, 23（6）, 5-9.

[15] 谢高地, 肖玉, 甄霖, 等. 我国粮食生产的生态服务价值研究[J]. 中国生态农业学报, 2005, 13（3）: 10-13.

[16] 吴大千, 刘建, 贺同利, 等. 基于土地利用变化的黄河三角洲生态服务价值损益分析[J]. 农业工程学报, 2009, 25（8）: 256-261.

Analysis the change of ecosystem services with land use in county scale of Fengqiu, Henan Province, China

Abstract: Population growth and increasing economic activities cause a large amount of natural lands to be converted into artificial areas, which is one of the most direct and important drivers of ecosystem services (ES) degradation. To protect and recover ES, governments need more information about the relationship between land use and ecosystem services. Based on GIS platform, three periods of remote sensing images were processed to be land use maps. Then we analyzed and predicted the change of ecosystem services with land use from 2002 to 2017 by mathematical models. Result shows, the whole ES degenerates from 2002 to 2013; All land use types except settlements and mining sites (SMS) have a positive effect on the total ES value in the whole period. The main land use type is agricultural landscapes, but in ecological sense it is not the best efficient land use type. These information of ES change with land use can be used for the making sustainable land use plan.

Keywords: land use change; ecosystem services (ES); improved Markov model

1. Introduction

Land use change is likely to be one of the most important factors effecting environmental quality all over the world (Nahuelhual et al., 2013). Environmental quality relies on ecosystem services (ES) which provide humans with a liveable environment (Lautenbach et al., 2011). These ecosystem services include food, fibre, fuel, water retention, pest control, climate regulation, waste treatment, recreation and so on. Previous literatures show that the land is the base of all terrestrial ecosystems (Luo et al., 2013). Over the past 50 years, human activities have led to drastic changes in land use all the world, which ultimately affects existence and function of the terrestrial ecosystem. ES degenerated and benefits which human can obtain from ES decreased year by year.

Accordingly, it is important for policy makers to implement appropriate policies for sustainable land use (Kopmann et al., 2013). There are numerous literatures about ES, but applying ES to land management has not been fully realized (Logsdon et al., 2013). One reason is the lack of available information about ES change with land use (Seppelt et al., 2011; Logsdon et al, 2012). Many studies relied on land use data obtained from satellite images to calculate the ES value. A famous example is assessing the ES by land use data at the global scale (Costanza et al, 1997). Later, some people used this method to assess ES at regional scales (Kreuter et al., 2001; Li et al., 2007; Hu et al., 2008). Subsequently, some researchers began to use process-based models to quantify ES value (Bekele et al.,

2005; Krishnaswamy et al., 2009; Willaarts et al., 2012). The two most notable methods are the Integrated Valuation of ecosystem services and Tradeoffs (InVEST) (Tallis et al., 2009) and Artificial Intelligence for ecosystem services (ARIES) (Villa et al., 2009); others have used the Markov mathematical models to predict the value of ES. Markov model is based on the transformation of land use (Zhao et al., 2011; Mao and Chen, 2010). But it only can be available in a stable environment, which seldom occurs in practical environment. For example, the changed policy in prediction period can impact transformation of land use, which leads to the inaccuracy of the Markov model. Furthermore, impacts of multiple factor on land use are still difficult to predict (Bryan et al., 2013).

All told, the method of ES changes in land use background remains controversial. Using the method of Costanza may be questionable for the differences of terrain, landscape pattern and research scale. But the typical condition of Fengqiu County just avoid or alleviate these problems: a relative large scale of study extent, which is similar to the former study of Costanza; a relatively flat terrain which can lighten the impact of topography (Fig.1); a stable landscape pattern for the comprehensive dynamic degree of land use (C, Formula 2) is less than 2% in study period. Therefore, it is of certain signification for using this method to demonstrate the relationship between ES and land use. Subsequently, an improved Markov is set up considering policy impact during prediction period. The aims of the present study are as follows. (1) Show the change trend of ES with land use from 2002 to 2013 in Fengqiu County; (2) Predict the change trend of the ES with the land use in 2017. All of them can reasonably provide a reference for government decision-making to guide the optimization of land use.

2. Material and methods

2.1 Study area

Fengqiu County is located in Henan Province, China, from longitude 114°14′ to 114°46′ E and latitude 34° 53′ to 35°14′N (Fig. 1), with an average altitude of 67.5m. It belongs to the alluvial plain of the Yellow River and is famous for its agricultural production, just as wheat and cotton. Alluvial soil is the main soil types in Fengqiu County. It is a warm temperate climate and is strongly impacted by the monsoon. Its population is about 750, 000 and land area is about of 122, 500 ha. The original natural vegetation of Fengqiu County is deciduous broad-leaved forest. In recent decades, land use patterns have changed significantly in the study area cades. But the quantify study of Fengqiu County landscape pattern is still lacking (Zhang et al., 2014), Therefore, it is eager to provide the necessary information about the ES relate to land use for government.

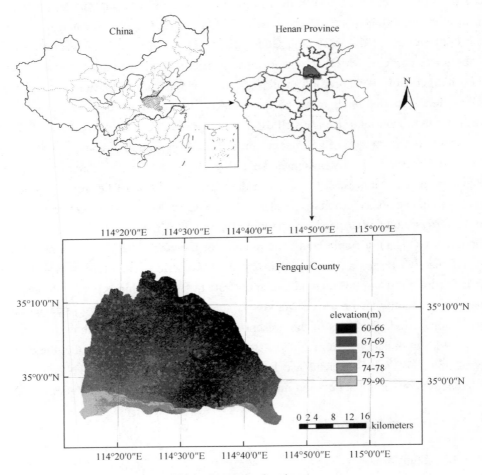

Fig.1 Location of study area

2.2 Data collection and analysis

Data sources were from Landsat TM remote sensing images in 2002, 2009 and 2013. To acquire some accurate statistics, 1∶10 000 topographic maps and the digital maps of land use were used for geometric correction. Image data preprocessing was performed by ARCGIS 10.0. We optimized the quality of the images by field sampling. The result showed that the spatial precision is 92% and the kappa index of 2002, 2009 and 2013 was 0.87. According to the National Standard of Land Use Classification of China (2007), we divided the research region into cultivated land (CL), which including irrigated land and paddy field; forest land (FL); water area (WA) which including river, ditch and pool; settlements and mining sites (SMS) and unused land (UL) (Fig.2).

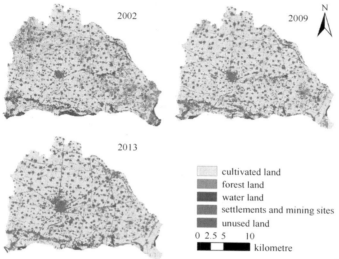

Fig.2 Land use types of Fengqiu County in 2002, 2009 and 2013

2.3 Dynamic degree of land use

The dynamic degree of land use is used to analyze the land change quantitatively. It contains two types. One is the single dynamic degree of land use, the other is the comprehensive dynamic degree of land use.

The single dynamic degree of land use (K) represents the change rate of one land use type in a scenario for a period. It can be expressed as:

$$K = \frac{U_b - U_a}{U_a} \times \frac{1}{T} \times 100\% \tag{1}$$

Where K is the single dynamic degree of land use; U_a is the initial area of one land use and U_b is the final state area of this land use; T is the time span.

Comprehensive dynamic degree of land use (C) represents the mutual transformation rate of the whole land use types in a scenario for a period. It can be expressed as:

$$C = \frac{\sum_{i=1}^{n} U_b - U_a}{\sum_{i=1}^{n} U_a} \times \frac{1}{T} \times 100\% \qquad (2)$$

Where i is the land use type, n is the sum number of land use.

2.4 ES calculation

Formulas(3)-(5) are used for getting the value of ES. An adjustment coefficient of 1.39 is added to adapt the environment in Fengqiu, Henan, China (Xie et al., 2005). Then we classified and quantified each ES in different land use types (Table 1).

Table 1 Each ES value per unit area of different land use types in the Fengqiu

ES types	ES value unit area/(yuan/hm²)				
	CL	FL	WA	SMS	UL
Gas regulation	614.9	2 644.5	0.0	0.0	1 604.2
Climate regulation	1 094.7	2 214.0	565.8	0.0	15 240.5
Water conservation	737.9	2 459.9	25 066.1	−9 282.4	13 851.5
Soil formation	1 795.7	3 543.2	12.2	0.0	1 548.6
Waste treatment	2 017.2	1 611.3	22 360.4	−302.5	16 215.5
Biodiversity protection	873.2	2 675.2	3 062.6	0.0	2 646.3
Food production	1 230.0	246.1	123.0	0.0	279.6
Raw materials	123.0	1 629.6	12.2	0.0	62.3
Recreation	12.2	509.6	5 337.9	0.0	6 441.4
Summation	8 498.8	17 533.4	56 540.2	−9 584.9	57 889.9

$$ESV_k = A_k \times \sum_{1}^{m} V_f \qquad (3)$$

$$ESV_f = V_f \times \sum_{1}^{n} A_k \qquad (4)$$

$$ESV = \sum_{1}^{m} \sum_{1}^{n} A_k \times V_f \qquad (5)$$

Where ESV is the sum value of ES; ESV_k is the sum of ES value of the kth land use type, $1 \leqslant k \leqslant n$; ESV_f is the sum of fth ES value, $1 \leqslant f \leqslant m$; V_f is the value of fth ES in k^{th} land use type; A_k is the area of fth ES in k^{th} land use type.

2.5 Improved Markov model

The Markov model is often used to predict the area changes of land use. It is a time process-based model, which uses the initial area of each land use type and their mutual transition probability to get the area of each land use type during the prediction period. Some scholars have used this method to predict the land use in recent years (Chung and Walsh, 2005).

$$S(0) = [S1(0) \quad S2(0) \quad \cdots \quad Sn(0)] \tag{6}$$

Where $S(0)$ represents initial area of all land use area; $S1(0)$ is the initial area of the first land type; $S2(0)$ is the initial area of the second land type, ...; $Sn(0)$ is the initial probability of the nth land type.

$$P = \begin{vmatrix} P_{11} & P_{12} & \cdots & P_{1n} \\ P_{21} & P_{22} & \cdots & P_{2n} \\ \vdots & \vdots & \vdots & \vdots \\ P_{n1} & P_{n2} & \cdots & P_{nn} \end{vmatrix} \tag{7}$$

Where p_{ij} represents the probability of land use type i converted to land use type j in study period; p_{11} is the probability of the first land type which have not converted to another land use type in the study period; p_{12} is the probability of the 1st land type which have converted to 2nd land use type in study period, ...; p_{nn} is the probability of the nth land type which have not converted to other land use type in study period.

The matrix meets the following two limitations:

$$\sum_{i=1}^{n} P_{ij} = 1 \ (i, j = 1, 2, \cdots, n), \ 0 \leqslant p_{ij} \leqslant 1;$$

$$S = S(0) \times P_{ij} = [S1 \quad S2 \quad \cdots \quad Sn] \tag{8}$$

S is the area of all land use at predictive period; $S1$ is the area of first land use type at period; $S2$ is the area of second land use type at period, ...; Sn is the area of nth land use type during the period.

Previous researchers assumed that policy impacts are unchanged during the predicting period. However, government often carries out a land policy in the prediction period just as keeping one land use area unchanged or setting up a development goal of one land use area. Here, an impact factor of policy (a) is added to the Markov model for calculating the area of each land use in prediction period (Formula 9).

$$S_i = \frac{S - a \times S_i(0)}{S - S_i} \times S_i \tag{9}$$

The matrix meets the following limitations:

$$\sum_{i=1}^{n} S_i(0) = \sum_{i=1}^{n} S_i = S = S(0)$$

Where S_i is the ith area of land use type in predictive period; $S_i(0)$ is the initial area of land use type I; a is the impact factor of policy to one land use type.

3. Result

3.1 The land use type change from 2002 to 2013

With the support of the GIS platform, the land use area of Fengqiu County in 2002 to 2013 was shown below (Table 2).

Table 2 The area of each land use change in Fengqiu in 2002, 2009 and 2013

Land use type	2002		2009		2013		2002-2009			2009-2013		
	A	P	A	P	A	P	A	P	K	A	P	K
CL	886.49	73.62%	930.61	77.10%	923.16	76.65%	44.12	3.66%	0.52%	−7.45	−0.62%	−0.15%
FL	108.73	9.03%	93.80	7.77%	84.01	6.98%	−14.93	−1.24%	−0.18%	−9.80	−0.81%	−0.20%
WA	64.73	5.38%	15.21	1.26%	11.70	0.97%	−49.51	−4.11%	−0.59%	−3.52	−0.29%	−0.07%
SMS	139.01	11.54%	155.47	12.88%	184.43	15.31%	16.46	1.37%	0.20%	28.96	2.41%	0.60%
UL	5.17	0.43%	8.97	0.74%	1.06	0.09%	3.80	0.32%	0.05%	−7.90	−0.66%	−0.16%

A: Area of land use type (10^8ha); P: percentage of each individual land cover type; K: Single dynamic degree of land use; C: Comprehensive dynamic degree of Land use, C (2002-2009) =1.53%, C (2009-2013) =1.20%

Table 2 shows the comprehensive dynamic degree of land use of Fengqiu County in 2002-2009 and 2009-2013 are less than 2% (Table 2). That means the mutual transformation of different land use type is relatively low, which reflects a stable landscape pattern in study period.

As shown in Table 2, the main land use type of Fengqiu County is CL from 2002 to 2013. It makes up almost two-thirds of the total area, followed by SMS, FL, WA and UL. The area of natural resources, like FL, WA and UL are decreased. Contrarily, anthropogenic landscape type (SMS) are increased constantly. The area of UL is less than a tenth of the total area from 2002 to 2013, which indicates the land use intensity of Fengqiu County is high.

From the single dynamic degree, there are relatively high increase rates of the CL and SMS in 2002-2009, both of which are anthropogenic landscape types. All natural types except UL decreased, which indicates human disturbance is the main reason for land use change in this period. In 2009-2013, SMS is the only increasing land use types of Fengqiu County. The decreasing rate of WA is the most rapid of all land use change.

3.2 The change of ES value with land use from 2002 to 2013

Combining the data of table 1 and table 2 with formula (3), (4) and (5), Table 3 is showed as follow.

Table 3 ES value and their variation in Fengqiu

Land use type	Year	CL	FL	WA	SMS	UL	Sum
ES value ($\times 10^6$ yuan)	2002	753.41	190.65	365.96	−133.24	29.93	1206.71
	2009	790.91	164.47	86.02	−149.02	51.92	944.30
	2013	784.58	147.30	66.14	−176.78	6.16	827.40
ES change value ($\times 10^6$ yuan)	2002-2009	37.49	−26.17	−279.94	−15.78	21.99	−262.41
	2009-2013	−6.33	−17.18	−19.88	−27.76	−45.76	−116.90

It demonstrates that the whole change trend of ES value is declined from 2002 to 2013. All ES values of different land use types are decreased, except the CL use with a small value fluctuation. CL constitutes the main value of ES for its predominance areas. All land use types but SMS take a positive effect for the whole ES value in 2002-2013.

Generally, the total ES value in 2009-2013 has a negative growth. But in 2002-2009, ES value of CL and UL show positive growth. CL is the dominant part in Fengqiu, which is about 75% of the whole land area. But ES value of CL is about 50%.

Combing Table 1 and Table 3, we can get Fig.3.

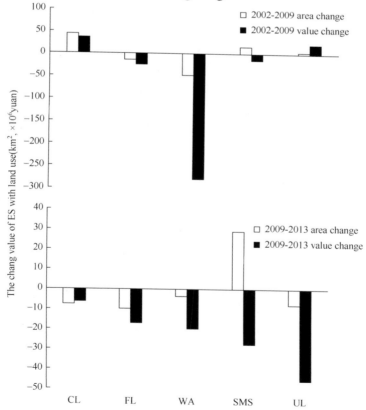

Fig.3 The ES value change of each land use in Fengqiu

Obviously, UL is the most sensitive land use type for ES (Fig.3). From 2002 to 2013, the area change of UL is less than 3% of the whole area, which contributes about 6% of whole ES value. The water area with less 40% area change makes about 75% change of ES value. According to these analyses, these land use types can be sorted by the contribution of ES value in sequence: UL, WA, FL, CL and SMS. This sequence information can be used for land planning.

3.3 Prediction of the land use change and ES value change

Based on the platform of GIS, we got the area transfer matrix from 2009 to 2013, Then, the mutual transformation probability matrix (P) of each land use was obtained:

$$P = \begin{vmatrix} 0.91 & 0.05 & 0.00 & 0.02 & 0.01 \\ 0.46 & 0.29 & 0.03 & 0.12 & 0.00 \\ 0.15 & 0.03 & 0.47 & 0.09 & 0.04 \\ 0.26 & 0.10 & 0.01 & 0.80 & 0.01 \\ 0.02 & 0.00 & 0.03 & 0.01 & 0.05 \end{vmatrix}$$

In Third Plenary Session of the 17th in 2008, Chinese government promulgated the strictest cultivated land management system to protect cultivated land. At the same time, "general plan for the land use of Henan Province (2006-2020)" ruled the area of the CL should be strictly protected by law. Based on the policies above, we assume that CL does not change between 2013 and 2017. That is to say, a=1 (Formula 9), using the Formula 6, 7, 8 and 9, we can get the area of Fengqiu land use types in 2017 (Table 4).

Table 4 The area of each land use type of Fengqiu County in 2017

Land use types	CL	FL	WA	SMS	UL
Land use area in 2017 ($\times 10^2$hm)	922.75	89.45	12.76	170.70	8.54

Then combining with formulas 6, 7 and 8, the ES value is obtained (Table 5).

Table 5 The ES value with different land use of Fengqiu in 2017

Land use types	CL	FL	WA	SMS	UL	Sum
ES value in 2017 ($\times 10^6$ yuan)	784.23	156.84	72.15	−163.61	49.44	899.03

With Tables 3, 4 and 5, Fig.4 can be showed as follow.

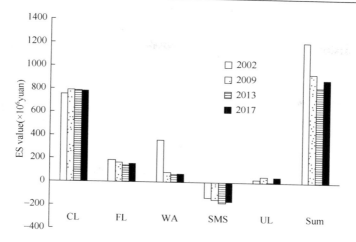

Fig.4 ES value with different land use types in Fengqiu from 2002 to 2017

Generally, the ES value is decreased from 2002 to 2017. However, there is a slight increase in the summation value of ES value for policy impact from 2013 to 2017.

4. Discussion and conclusion

Currently, China is one of the most serious environmental pollution country in the world. The change of ES under Land use change is likely to be a new perspective to research environmental problems (Mitsova et al., 2011). It is important to assess the value of ES to make a tradeoff between the economic benefits from land use policy and the loss of ES value (Kopmann et al., 2013). But there are several questions for the accuracy of ES assessing.

Calculating the ES by land use data is a modifiable areal unit problem (Jacobs-Crisioni et al., 2014). On one hand, same area divided into different sub areas can constitute different heterogeneities. On the other hand, the same area can have different shapes. Both of them may cause different ES value. Although the impact of these problems is lightened in Fengqiu by its unique condition, we should find a new method to solve this problem for the accuracy.

Agricultural Landscapes is not the best efficient landscape types. Government should increase the natural landscape types (FL, WA et.al) in order to improve environmental quality in the ecological sense. Before making a land use plan or decision, the government should take the land ES contribution into account. But in China, there is not enough ES information for government to make decisions (Feng et al., 2014).

According to Chinese land policy, cultivated land is the most important land use type protected by law.

Markov theory is based on the process of the land use change, which assumes a stable condition for no interference (Luo et al., 2010). This condition seldom exists in the real world. Here we take a policy impact index in Markov model to improve its accuracy, which has a certain theoretical and practical significance. It provides a relative accurate method to predict the land use change and assess the value of ES in future, which can give much more information to government and planner. But we just assume a policy impact on CL in this paper. Whether we can use this method with multiple disturbances in land use requires further research.

We use land use change in 2009-2013 to predict 2017 by Markov theory. Can we take another period to predict 2017? There may be different results. So the choice of the period should be considered. We can also use much data of different periods to predict the same year, and take meta-analysis to correct the results.

Acknowledgement

This research project is funded by National Natural Science Foundations of China with No. 41371195 & No. 51379078. The authors are grateful to Professor Gu Cuihua for improving the writing of the manuscript. We would also grateful to thank LU Xunling, Zhao Qinghe for their data support and discussion in preparing this work.

References

Bekele EG, Nicklow JW (2005) Multiobjective management of ecosystem services by integrative watershed modeling and evolutionary algorithms. Water Resources Research, 41 (10): W10406.

Britz W, Leip PHVAA (2011) Modelling of land cover and agricultural change in Europe: Combining the CLUE and CAPRI-Spat approaches. Agrlr oym & nvronmn, (1-2): 40-50.

Bryan BA (2013) Incentives, land use, and ecosystem services: Synthesizing complex linkages. Environmental Science & Policy, 27: 124-134.

Chung KL, Walsh JB (2005) Markov Processes, Brownian Motion, and Time Symmetry, 2nd ed. New York: Springer: 130-175.

Costanza, D'Arge, de Groot, et al (1997) The value of the world's ecosystem services and natural capital. Nature, 387(6630): 253-260.

Ding SY, Li T (2009) The study of the pattern dynamics of agricultural landscape ecosystem of the eastern Henan Province plain from 1980 to 2000. Journal of Henan University (Natural Science), 39 (1): 57-62.

Feng YB, He CY, Yang QY, et al (2014) Evaluation of ecological effect in land use planning using ecosystem service value method. Transactions of the Chinese Society of Agricultural Engineering, 30 (9): 201-211.

Hu HB, Liu WJ, Cao M (2008) Impact of land use and land cover changes on ecosystem services in Menglun, Xishuangbanna, South west China. Environ. Monit. Assess, 146 (1-3): 147-156.

Jacobs-Crisioni C, Rietveld P, Koomen E (2014) The impact of spatial aggregation on urban development analyses. Applied Geography, 47: 46-56.

Jantz CA, Manuel JJ (2013) Estimating impacts of population growth and land use policy on ecosystem services: A community-level case study in Virginia, USA. Ecosystem Services, 5: 110-123.

Klein Goldewijk K, Beusen A, Van Drecht G, et al (2011) The HYDE 3.1 spatially explicit database of human‐induced global land‐use change over the past 12,000 years. Global Ecology and Biogeography, 20 (1): 73-86.

Kopmann A, Rehdanz K (2013) A human well-being approach for assessing the value of natural land areas. Ecological Economics, 93: 20-33.

Kreuter UP, Harris HG, Matlock MD, et al (2001) Change in ecosystem service values in the San Antonio area, Texas. Ecological Economics, 39 (3): 333-346.

Krishnaswamy J, Bawa KS, Ganeshaiah KN, et al (2009) Quantifying and mapping biodiversity and ecosystem services: Utility of a multi-season NDVI based Mahalanobis distance surrogate. Remote Sensing of Environment, 113 (4): 857-867.

Lautenbach S, Kugel C, Lausch A, et al (2011) Analysis of historic changes in regional ecosystem service provisioning using land use data. Ecological Indicators, 11 (2): 676-687.

Li R, Dong M, Cui J, et al (2007) Quantification of the impact of land-use changes on ecosystem services: a case study in Pingbian County, China. Environmental monitoring and assessment, 128 (1-3), 503-510.

Logsdon RA, Chaubey I (2013) A quantitative approach to evaluating ecosystem services. Ecological Modelling, 257: 57-65.

Luo D, Zhang WT (2014) A comparison of Markov model-based methods for predicting the ecosystem service value of land use in Wuhan, central China. Ecosystem Services, 7: 57-65.

Luo P, Jiang RR, Li HG, et al (2010) Research on the method of regional land use evolution based on the combination of spatial logistic model and Markov model. China Land Sci, 24 (1): 31-36.

Mao CB, Chen Y (2010) The driving force and prediction of the evolution of land use and ecosystem services value: a case study of Jiangsu Province. Res. Soil Water Conserv, 17 (4): 269-275.

Meiyappan P, Jain AK (2012) Three distinct global estimates of historical land-cover change and land-use conversions for over 200 years. Frontiers of Earth Science, 6: 122-139.

Mitsova D, Shuster W, Wang X (2011) A cellular automata model of land cover change to integrate urban growth with open space conservation. Landscape and Urban Planning, 99: 141-153.

Nahuelhual L, Carmona A, Aguayo M, et al (2013) Land use change and ecosystem services provision: A case study of recreation and ecotourism opportunities in southern chile. Landscape Ecology, 29 (2): 329-344.

Seppelt R, Dormann CF, Eppink FV, et al (2011) A quantitative review of ecosystem service studies: approaches, shortcomings and the road ahead[J]. Journal of Applied Ecology, 48(3): 630-636.

Tallis H, Polasky S (2009) Mapping and valuing ecosystem services as an approach for conservation and natural‐resource management. Annals of the New York Academy of Sciences, 1162 (1): 265-283.

Tallis T, Ricketts T, Nelson E, et al (2010) InVEST 1.004 beta User's Guide. The Natural Capital Project, Stanford.

Veldkamp A, Lambin EF (2001) Predicting land-use change. Agriculture, ecosystems & environment, 85 (1): 1-6.

Verburg PH, Soephoer W, Limpiada R, et al (2002) Land use change modeling at the regional scale: The CLUE-S model. Environmental Management, 30 (3): 391-405.

Villa F, Ceroni M, Bagstad K, et al (2009) ARIES (Artificial Intelligence for Ecosystem Services): a new tool for ecosystem services assessment, planning and valuation. In: 11th Annual BIOECON Conference on Economic Instruments to Enhance the Conservation and Sustainable Use of Biodiversity.

Willaarts BA, Volk M, Aguilera PA (2012) Assessing the ecosystem services supplied by freshwater flows in Mediterranean agro-ecosystems. Agricultural Water Management 105: 21-31.

Xie GD, Xiao Y, Zhen L, et al (2005) Study on ecosystem services value of food production in China. Chinese Journal of Eco-Agriculture, 13 (3): 10-13.

Zhang ZH, Yang YC, Xie P, et al (2014) Dynamic variation of landscape pattern of land use in Songyuan City in nearly 20 years. Chinese Agricultural Science Bulletin, 30 (2): 222-226.

Zhao J, Han XF, Tian HW (2011) Research on the variation of the Usage of land and environmental effects in BaoTou. J. Anhui Agri. Sci, 39 (4): 2402-2405.

Zhao YL, Liu YZ, Long KS (2014) Eco-environmental effects of urban land development intensity change across capital cities in China. China population, resources and environment, 24 (7): 23-29.

Landscape pattern changes at a county scale: A case study in Fengqiu, Henan Province, China from 1990 to 2013

Abstract: Human activities and natural factors drive landscape pattern changes and limit provision of ecosystem services (ES) for human well-being. The analysis of landscape pattern change is one of the most important methods to understand and quantify land use and land cover change (LUCC). In this study, a series of satellite images (1990, 2002, 2009, 2013) of Fengqiu County of Henan Province in China and some social data were used for analyzing landscape pattern changes and driving forces. Our results showed that landscape pattern and indices of Fengqiu County have serial changes during 1990-2013. From 1990 to 2013, the unused land (UL) nearly disappeared (the area of UL changed from 19.1 to 1.06 km^2) and the area of water area (WA) dramatically decreased (from 71.41 to 11.4 km^2). The mutual transformations among cultivated land (CL), forest land (FL) and settlements and mining sites (SMS) were relatively frequent. By further analysis of the number of patches (NP), largest patch index (LPI), perimeter-area fractal dimension (PAFRAC) and Shannon's evenness index (SHEI) both at class and landscape scale, we found that anthropogenic influence increased gradually, intensity of land use is strengthened, and landscape heterogeneity reduced. Human activity, especially population growth was the main driving force impacted the landscape changes in studied area. The natural factors (temperature and precipitation) make a large impact on WA area. At last, we firstly introduce "Entropy model" to analyze the whole land use change. All the quantification of LUCC and driving forces can reasonably provide basic information for government to guide the land use and ecological protection.

Keywords: landscape pattern; land use transition matrix; landscape indices; LUCC; driving forces

1. Introduction

Land use and land cover change (LUCC) is likely to be one of the most important factors affecting human well-being all over the world (Nahuelhual et al., 2013). Land cover provides necessary ecosystem services (ES) for human beings, including the production of food, energy resources and recreation (Liu et al., 2013). For centuries, there has been a rapid and large scale changes of landscape pattern, which have reduced the function of ES, including production provision, environmental pollution control, biodiversity protection and human vulnerability to the changing ecosystems (Napton et al., 2010; Lichtenberg et al., 2008). Quantitative information on historic change of landscape structure and composition were considered the first necessity for understanding consequences from landscape changes (Bender et al., 2005; Braimoh, 2006).

Landscape pattern change is usually quantified by landscape indices in previous studies (Maleki najafabadi et al., 2014; Dong et al., 2009; Perry, 2002). In the last decades, numerous studies have focused on land use status, the evolution of landscape pattern, forecasting future land use change, etc (Zhao et al., 2012; Zhu et al., 2010; Verburg et al., 2002). In China, a number of studies have demonstrated the landscape pattern changes using LUCC data in urban areas (Zhang et al., 2014; Peng et al., 2013; Pan et al., 2012), watersheds (Wang et al., 2014; Pan et al., 2013), wetlands (Liu et al., 2014; Hu and Ye, 2014; Ao et al., 2014), forests (Liang et al., 2014; Li et al., 2013; Zhao et al., 2013), coastal zones (Zuo et al., 2011; Huang et al., 2012; Zhang et al., 2012), agricultural areas (Lu et al., 2013, zhao et al., 2012), and grassland (Jiao et al., 2012; Wang et al., 2010; Wang et al., 2009). But, these studies were all based on data from relative short period, which lacks comprehensive LUCC research during long time periods. Studies on the driving mechanism of LUCC with landscape patterns were especially needed at county scale.

County is a middle scale landscape in China, like shire in England, county in American etc. It contains artificial landscape and natural landscape, and it is also a basic administrative unit for implementing land use policy. Ecological studies of landscapes have to be closely linked with the hierarchical structure of the administrative units (Bender et al., 2005). In China, there is an urgent need to quantify landscape pattern changes and driving mechanism at county scale. Fengqiu County is a typical agricultural landscape in the lower reaches of the Yellow River alluvial plain of Xinxiang city, in Henan Province (Lu et al., 2014). Land use patterns have changed significantly in the study area during the latest two decades. But quantified study of Fengqiu County landscape pattern is still lacking (Zhang et al., 2009).

This study evaluated the LUCC and its effects on landscape patterns in the Fengqiu County over the last two decades. With the landscape pattern changes in the Fengqiu County, especially the rapid expansions of settlements and mining sites and the shrinkage of unused area, certain environmental issues emerged, such as nonpoint pollution and greenhouse gas emissions. To solve the problems resulting from LUCC, a quantitative analysis of the landscape pattern changes is necessary. The main objectives of the study are: (1) to analyse the landscape pattern changes of Fengqiu County during the period 1990-2013; (2) to identify the driving forces of these changes during the past 24 years.

2. Material and methods

2.1 Study area

Fengqiu County is located in Henan Province, China, from longitude 114°14′ to 114°46′ E and latitude 34°53′ to 35°14′ N (Fig.1), with an average altitude of 67.5 m. It belongs to the alluvial plain of the Yellow River and is famous for its agricultural production, just as wheat and cotton (Lu et al., 2014). Alluvial soil is main soil type in Fengqiu Conty. It is a warm temperate climate and is strongly impacted by the monsoon. The original natural vegetation of Fengqiu County is deciduous broad-leaved forest. Its population is about 750, 000 and land area is about of 122, 500 ha. An accelerated expansion of intensive agriculture converted almost all deciduous broad leaved forest into cultivated land and artificial vegetation. At present, the main land use type in Fengqiu County is cultivated land (Ding and Li, 2009).

2.2 Data

Landsat TM remote sensing images in 1990, 2002, 2009 and 2013 were used as the basic data which were got form Chinese Academy of Sciences. To acquire the accurate statistical data, 1∶10, 000 topographic maps and the digital maps of land use were

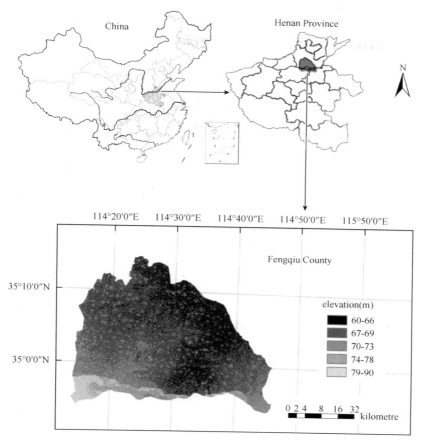

Fig. 1 Location of study area

used for geometric correction. The topography maps and digital maps were obtained from Henan Province Resources Department of China. Image data pre-processing was performed by ARCGIS 10.0. We optimized the classification accuracy and adjusted it by field sampling. Both computer classification and image visual interpretation were used to get the land use information. The final result showed that the spatial precision was 92%, and the kappa index was 0.87. According to the National Standard of Land Use Classification of China (2007), we divided the research region into cultivated land (CL), including irrigated land and paddy field; forest land (FL); water area (WA) including river, ditch and pool; settlements and mining sites (SMS) and unused land (UL) (Fig. 2 and Table 1).

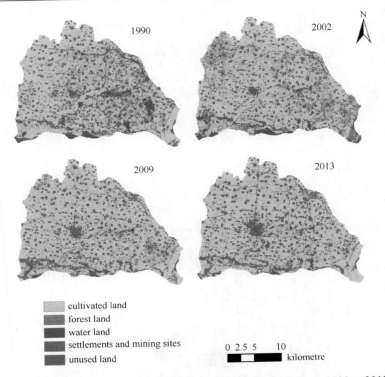

Fig.2 The spatial pattern of the land use in Fengqiu County from 1990 to 2013

Table 1 Area statistics of different land types from 1990 to 2013

Land use type	Area in different years/km²			
	1990	2002	2009	2013
CL	878.89	886.49	930.61	923.16
FL	85.7	108.73	93.80	84.01
WA	71.41	64.73	15.21	11.70
SMS	149	139.01	155.47	184.43
UL	19.1	5.17	8.97	1.06

CL, cultivated land; FL, forest land; WA, water area; SMS: settlements and mining sites; UL, unused land

2.3 Method

2.3.1 Landscape transition matrix, land conversion map and landscape indices

Transition matrices have often been used to identify the land change direction and quantify the change (Takada et al., 2010). This study analyzed the Fengqiu landscape pattern change in each period: 1990-2002, 2002-2009 and 2009-2013. The change area and position analysis for a specific period was conducted by overlaying the land use maps of two discrete years. After that, a land conversion map was drawn to show the conversion position and area.

Landscape indices are effective in studying landscape pattern (Wu, 2002). We use Fragstats 4.2 to calculate the landscape indices for each period and to analyse change of Fengqiu landscape patterns. Based on prior studies (Lu et al., 2014; Zhang et al., 2009; Ding et al., 2006), five relevant landscape indices were chosen to describe the landscape characteristics at county level in this study: number of patches (NP), largest patch index (LPI), landscape shape index (LSI), Shannon's evenness index (SHEI) and perimeter-area fractal dimension (PAFRAC). We also used patch density (PD), LPI, LSI, and PAFRAC to illustrate the landscape pattern at the class level (Table 1). The mathematical expressions of the landscape indices are the following:

(1) NP: Number of patches.

$$NP=n$$

n=number of patches, NP$\geqslant$1.

(2) LPI: Largest patch index.

$$LPI = \frac{\max_{i=1}^{n}(a_i)}{A} \times 100$$

a_i=area of patch i (m^2), and A=total landscape area (m^2), 0<LPI$\leqslant$100.

(3) PLAND: Patches percentage of Landscape.

$$PLAND=P_i = \frac{\sum_{j=1}^{n} a_{ij}}{A} \times 100\%$$

a_{ij}=area of patch ij (m^2), and A=total landscape area (m^2), 0<PLAND$\leqslant$100%.

(4) LSI: Landscape shape index.

$$LSI = \frac{25\sum_{k=1}^{m} e_{ik}}{\sqrt{A}}$$

e_{ik}=total length of edge between patch types i and k (m), m=number of patch types in the landscape, and A=total landscape area (m^2). LSI$\geqslant$1.

(5) SHEI: Shannon's evenness index.

$$SHEI = \frac{-\sum_{i=1}^{m} P_i \times \log P_i}{\log m}$$

P_i: proportion of the landscape occupied by patch type i, and m=number of patch types present in the landscape, excluding the landscape border if present. 0$\leqslant$SHEI$\leqslant$1.

(6) PAFRAC: Perimeter-area fractal dimension. PAFRAC describes the relationship

between patch area and perimeter, reflecting landscape heterogeneity. PAFRAC approaches 1 for shapes with very simple perimeters such as squares, and approaches 2 for shapes with highly convoluted, plane-filling perimeters.

$$\text{PAFRAC} = \frac{2}{n_i \log p_i^2 - \left(\sum_{i=1}^{n} \log p_i\right)^2}$$

a_i=area of patch i (m²), p_i=perimeter of patch i (m), and n_i=number of patches in the landscape of patch type i. $1 \leqslant \text{PAFRAC} \leqslant 2$.

(7) PD: Patch density.

$$\text{PD} = \frac{N}{A} \times 10{,}000 \times 100$$

N=number of patches, and A=total landscape area (m²), $\text{PD} > 0$

2.3.2 Driving force analysis

LUCC is a central factor for the change of earth's climate, the general environment and human society. Policymakers seek for scientific information about driving forces of LUCC so that they may not only focus on symptoms, but on the causes of land use changes. The driving forces of landscape change include natural processes and human interventions, such as topography, climate change, human activity and governmental policy. It is crucial for us to evaluate the predominant forces in the landscape pattern changes so as to make policies to deal with this change. In cultural driving forces analysis, 12 indicators were selected and studied by principal component analysis. As to natural driving forces, we chose two representative driving forces (temperature and precipitation) to explore the relationships between driving forces and landscape pattern changes, especially the WA area.

Each land use type area was changed in different period, but the whole area of study region is a constant. How to quantify the whole land use change state of each period? Here, "Entropy model" was first introduced to analyze these land use change and driving forces. Due to the scarcity of driving forces and landscape change information, we just take the area of different land use types for entropy value analysis.

(8) Entropy model:

$$H = -C \sum P_i \log P_i$$

H: entropy value, the state of the system. In this paper, it means the whole land use change state of each study period;

C: a constant, which can be omitted when compared the different entropy values in the same system;

P_i: the probability of i th state in a certain experiment, $i \in [1,n]$. In this paper, it means the area probability (area percentage) of each land use type in same study period.

3. Results

3.1 Landscape transition matrix

The landscape conversion (Table 2) during the period 1990-2002 shows that CL is a relatively stable landscape type with change rate about 16.72%, and UL is the most prominent change type with change rate 95%. Most land use types have great area change, FL has changed 88.47%, WA has changed 79.86%, and SMS had changed 47.58%. Three most prominent types of conversions are from CL to FL, from FL to CL and from SMS to CL (76.17, 59.47, and 49.04 km², respectively). The conversion areas of WA to CL and the CL to WA are also notable for about 36.39 and 30.32 km².

Table 2 1990-2002 land use transition matrix (km²)

	Land use type	2002 (year)				
		CL	FL	SMS	UL	WA
1990 (year)	CL	731.72	76.17	38.35	2.04	30.32
	FL	59.47	9.88	11.57	0.08	4.65
	SMS	49.04	10.82	78.09	0.23	10.79
	UL	9.49	1.68	2.38	0.95	4.55
	WA	36.39	10.12	8.57	1.86	14.36

CL, cultivated land; FL, forest land; WA, water area; SMS: settlements and mining sites; UL, unused land

From the landscape transition matrix from 1955 to 1990 (Table 3), all land use types have great area changes: CL (11.94%), FL (86.35%), SMS (36.25%), UL (91.10%) and WA (87.66%). Conversion areas from FL to CL and from CL to FL are also prominent (81.78 and 57.31 km², respectively). Three conversions from CL to SMS, from SMS to CL and from WA to CL are relatively obvious (39.12, 35.37 and 30.32 km², respectively). Twenty other conversions are not so apparent for area conversion areas from 0.29 to 17.10km².

Table 3 2002-2009 land use transition matrix (km²)

	Land use type	2009 (year)				
		CL	FL	SMS	UL	WA
2002 (year)	CL	780.35	57.31	39.12	6.18	3.15
	FL	81.78	14.83	10.01	0.54	1.50
	SMS	35.37	13.13	88.59	0.29	1.58
	UL	2.53	0.61	0.58	0.46	0.98
	WA	30.23	7.88	17.10	1.48	7.98

CL, cultivated land; FL, forest land; WA, water area; SMS: settlements and mining sites; UL, unused land

As Table 4 shows, the whole land use conversion is also obvious from 2009 to 2013. Five land use types have changed from 9.32% (CL) to 94.96% (UL). In this period, landscape conversions can be divided into three classes by the area of land use conversion. The first class is three most conspicuous types of conversions: from FL to CL, from CL to FL and from CL to SMS (50.68, 43.21, and 41.13 km², respectively). The next one is from SMS to CL (18.30 km²), from SMS to FL (10.96 km²) and from FL to SMS (15.6 km²). The other conversions belong to the last class. All conversions in the last class are not obvious because area change rates are less than 3.00%.

Table 4 2009-2013 land use transition matrix (km²)

	Land use type	2013 (year)				
		CL	FL	WA	SMS	UL
2009 (year)	CL	843.73	43.21	2.20	41.13	0.19
	FL	50.68	26.79	0.50	15.76	0.04
	WA	3.00	2.89	7.09	1.96	0.26
	SMS	18.30	10.96	1.34	124.71	0.13
	UL	7.03	0.11	0.55	0.82	0.45

CL, cultivated land; FL, forest land; WA, water area; SMS: settlements and mining sites; UL, unused land

After analyzing each land use type change information during the whole period (1990-2013), we produced a land conversion map to show the conversion position and area (Fig.3).

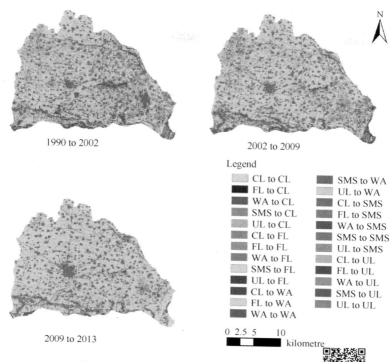

Fig.3 Land use conversions from 1990 to 2013

3.2 Landscape indices

3.2.1 At the class level

At first, we analyze the values of landscape indices of Fengqiu County at the class level from 1990 to 2013 (Table 5).

Table 5 Landscape index analysis at the class level

Land use	Year	NP	PLAND	PD	LPI	PAFRAC
CL	1990	3873	72.20%	3.22	70.89	1.48
	2002	2703	72.60%	2.24	67.46	1.43
	2009	2161	76.46%	1.79	72.65	1.41
	2013	2078	76.29%	1.73	50.19	1.37
FL	1990	17961	7.70%	14.92	0.21	1.52
	2002	20110	9.64%	16.70	0.23	1.49
	2009	18669	8.47%	15.50	0.12	1.49
	2013	10464	7.40%	8.69	0.12	1.44

Continued

Land use	Year	NP	PLAND	PD	LPI	PAFRAC
WA	1990	3899	5.94%	3.24	0.71	1.45
	2002	16384	5.72%	13.61	0.46	1.51
	2009	1360	1.28%	1.13	0.12	1.35
	2013	684	0.98%	0.57	0.11	1.34
SMS	1990	13825	12.53%	11.50	0.30	1.47
	2002	11109	11.60%	9.23	0.42	1.43
	2009	4257	12.87%	3.53	0.85	1.33
	2013	1420	15.25%	1.18	1.96	1.32
UL	1990	4230	1.68%	3.50	0.14	1.50
	2002	567	0.44%	0.47	0.05	1.42
	2009	4184	0.91%	3.47	0.11	1.40
	2013	214	0.09%	0.18	0.03	1.54

CL, cultivated land; FL, forest land; WA, water area; SMS: settlements and mining sites; UL, unused land. NP, number of patches; LPI, largest patch index; LSI, landscape shape index; SHEI, Shannon's evenness index; PAFRAC, perimeter-area fractal dimension

The area of CL is relatively stable and accounts for the main area of the whole landscape for PLAND ranging from 72.20% to 76.46% during 1990-2013. The NP of CL changing from 3873 to 2078 indicates that the distribution of CL is gradually concentrated from 1990 to 2013. The LPI obviously changes in the whole period 1990-2013 and PAFRAC decreases at a varying rate: 1.48 (1990), 1.43 (2002), 1.41 (2009) and 1.37 (2013), showing that human disturbance is the main factor for the shape and quantity of CL change.

FL is a relatively extensive land type for the average PLAND at 8.30% and the average value of NP is 16801 from 1990 to 2013. The value of NP, PLAND and PD presents an increasing trend during 1990 to 2002 but falls in 2002 to 2013, suggesting the area and quantity of the FL are increase in 1990 to 2002 and falling in 2002 to 2013.

The value of NP and PD of WA is the highest in 2002 of whole period, but the PLAND value is lower than 1990, suggesting that in 2002 the quantity of WA has a large increase but the area decreases. The LPI falling from 0.71 to 0.11 in 1990 to 2002 shows that the area of WA is reduced in every period.

The NP and PD value of SMS decrease from 1990 to 2013, but PLAND and LPI increase. The opposite trends indicate that the area of SMS is gradually expands and is distributed intensively from 1990 to 2013.

NP, PLAND, PD and LPI values of UL fluctuate in the whole study period: decrease from 1990 to 2002, increase from 2002 to 2009, and decrease from 2009 to 2013. But their general trends decline: from 4230 to 214 (NP), 1.68% to 0.09% (PLAND), 3.50% to 0.18% (PD) and 0.14 to 0.03 (LPI), suggesting that the area and quantity of the UL has decreased irregularly since 1990. The PAFRAC value of UL decreases from 1.50 to 1.40 in 1990 to 2009, but obviously increases from 2009 to 2013. Combing the PLAND value of 2013, the result reveals that the area of UL (2009 to 2013) is very small and it is difficult to use.

3.2.2 At the county level

Landscape indices at the county scale (Table 6) from 1990 to 2013.

Table 6 Landscape indices analysis at the county scale

Year	NP	LPI	LSI	PAFRAC	SHEI
1990	43788	70.89	96.50	1.49	0.58
2002	50873	67.46	99.19	1.47	0.56
2009	30631	72.65	71.90	1.42	0.48
2013	14860	50.19	53.11	1.37	0.46

NP, number of patches; LPI, largest patch index; LSI, landscape shape index; SHEI, Shannon's evenness index; PAFRAC, perimeter-area fractal dimension

From 1990 to 2005, the NP value decreases from 42,788 to 14,860. This shows that landscape fragmentation of Fengqiu County decreases (Table 6). The LPI values are equal both at Fengqiu County and class level, presenting both the largest total area and patch area is CL in the whole landscape. The general trends of LSI and SHEI decline in the whole study area, This shows that landscape heterogeneity and evenness are gradually decreasing. The PAFRAC falls from 1.49 to 1.37, showing that the shape of landscape patches is being regularized and simplified gradually on the background of human management from 1990 to 2013.

From formula 8 and table 1, we can get the entropy value of each period (1990, 2002, 2009, 2013) as follow:

$H_{1990}=0.40, H_{2002}=0.38, H_{2009}=0.33, H_{2013}=0.32$,

The entropy value was reduced period by period, which is inconsistent with the second law of thermodynamics.

3.3 Driving factors of landscape changes in county scale

3.3.1 Cultural driving forces

Human activities and natural factors can influence the landscape pattern

(Song et al., 2009).

Human activities are the dominant driving forces in the county scale, especially when a high population density is achieved in a few decades. Pan et al argue that several cultural driving forces including population, prosperity level, economic structure, social development and the policy factor may impact the landscape changes (Pan et al., 2012). In this paper, principal component analysis is used to analyze 12 indicators of Fengqiu County for studying the dominant cultural driving forces. Results show that the significance level is 0.00, variance contribution are 64.11%, 16.25%, 6.85% and the accumulative contribution rate is 87.21 of the three principal components (Table 7). 9 of 12 indicator were selected and combined to three principal. The three principal components principle eigenvalue are all more than 1 and their accumulative contribution rate is higher than 85%. The other three driving forces (Grain output, total retail of consumer goods and Per Capita GDP) have a little impact on landscape pattern change.

Table 7　Component analysis matrix

Indicators	Principal component 1	Principal component 2	Principal component 3
General population	0.97	0.13	−0.03
Agricultural population	−0.03	0.76	−0.28
Grain output	0.82	0.18	0.01
Sown area	0.57	0.62	−0.20
GDP	0.99	−0.12	0.00
Per capita income of peasant	0.79	−0.47	0.03
Total agricultural output value	0.58	0.59	−0.11
Industrial output value	0.23	0.49	0.83
Total retail of consumer goods	0.99	−0.04	0.00
Local financial revenue	0.95	−0.25	−0.03
Local financial expenditure	0.97	−0.17	0.00
Per Capita GDP	0.99	−0.12	0.00

It is clear from Table 7 that the principal component 1 scores relatively high on population, GDP, per capita income of peasant, local financial revenue and expenditure, all of which can be summarized as population and comprehensive economic factor. The second component can be regarded as agricultural production factor, including agricultural population, sown area and total agricultural output value. The last component is industrial output value-industrial factor.

In Principal component 1, we focus on population factor. Population factor has an obvious impact on landscape pattern change. The population of the Fegnqiu county increases from 634, 681 to 727, 924 during 1990-2002 and from 775, 694 to 800, 479 during 2009-2013. The general change trends of the CL and SMS area increase in the whole study period. This is consistent with the population increase (Table 1).

The population growth at the county scale directly results in the expansion of CL and SMS areas. There are 19 villages and towns in Fengqiu County. Fig. 4 shows the relationship between population and land use change (CL and SMS) of these villages, 2009-2013. From Fig. 4, it is obvious that there is a certain correlation between population change and SMS area change, and the Pearson correlation coefficient is 0.621 ($p=0.013$). But the Pearson correlation coefficient between population change and CL area is 0.118 ($p=0.600$), which indicates that there is no correlation between them. During the period 2009-2013, some landscape transitions appear to have developed from CL to SMS and from CL to FL because of related land use policy: i.e., the General Plan for The Land Use of Fengqiu County and Return Farmland to Forests of Xinxiang City. This policy factor can explain this change.

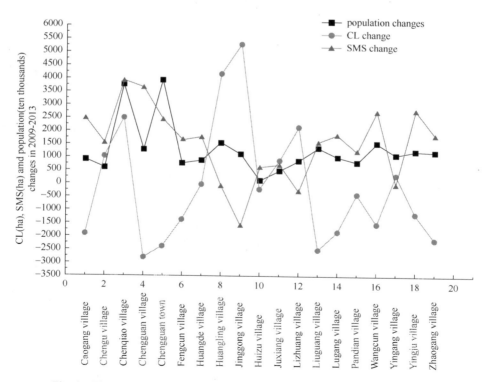

Fig. 4 The correlation analysis of population change with CL and SMS change

Changes of agricultural production factor impact the area of rural settlement and CL. The increased speed of SMS area is consistent with the expansion of agricultural population in Fengqiu County from 1990 to 2002. The agricultural production factor has less influence on the change of CL area, because agricultural technique and other social factors play an important part in the agricultural process. With the development of industry, a very large amount land would be occupied. The industrial output value has nearly doubled between 2002 and 2009. Coupled with population expansion, this causes the SMS area increase (Table 1).

3.3.2 Natural driving forces

Natural driving forces mainly concern elevation, soil type, temperature and precipitation varied. In a high population density area during a short period, natural driving forces are not dominant factors that influence landscape pattern changes. Fengqiu County belongs to an area of plain, and the altitude of most land is from 66 to 71 m. From 1990 to 2013, there is no change of elevation or soil type. Thus, we take temperature and precipitation for analyzing landscape change in Fengqiu County. The temperature and precipitation data is recorded at the Fengqiu weather station, 1990-2013.

In regard to the WA area, this decreases, which is relate to the increasing temperature and decreasing precipitation during 1990-2013 (Fig.5). Most of the WA area converts to CL and SMS (Tables 2 to 4). But in 2003, the annual precipitation, temperature and WA area change deviate from the general trend line. That is because of the abnormal climate of Fengqiu County in 2003 (Wang and Zhu, 2004).

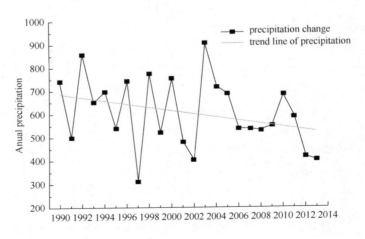

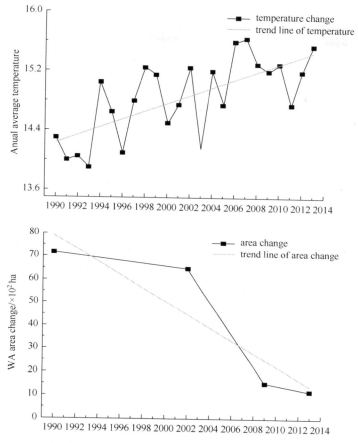

Fig.5 The relationship between WA area and climate (temperature and precipitation) from 1990 to 2014

4. Discussion

It is important to understand that the change in the cultural landscape (human well-being) is driven by institutional alteration, commercial development, climate, and terrain. (Hamre et al., 2007). Fengqiu County underwent a series of changes from 1990 to 2013. County is a unique scale in China, being composed of villages and towns. This paper could be used as reference in county scale for researching the landscape change. In this study, we quantify landscape patterns during the past 24 years and describe how the landscape pattern has been changed in response to human activities (population expansion) and natural environment (temperature and precipitation variation).

Due to the historical reason (population growth and cultivated land protection policy of China in the study area), CL and SMS areas kept a high percentage of more than 85% of total area during 1990 to 2013. Population growth and the development of industry make massive FL convert to CL and SMS, and the Returning Farmland to Forest Policy makes some CL convert to FL. So the FL area keeps a relatively stable percentage from 6.98% to 9.03% in whole area from 1990 to 2013. This phenomenon is not the same as global deforestation, but mainly for population growth and agricultural expansion (Zipperer, 2002; Teixeira et al., 2009). In Fengqiu County, most WA originates from the rainfall except that some irrigation canals and ditches originate from the Yellow River. The natural factors (temperature and precipitation) make a large impact on WA area. Especially notable is the 76.5% reduction in WA from 2002 to 2009. This is consistent with the drastic decrease of precipitation and the increase of temperature (Fig.5). Most of WA area was transformed into CL. One of the reasons was that WA converts into paddy field and then become dry land for water shortage. There is no doubt that climate change impacts landscape change in China (Smit et al., 1996). The most drastic land change type is UL. There was a decrease from 19.1 km^2 to 1.06 km^2 during 1990-2013. That is to say, the intensity of land use is increasing with time. In 2013, there is little idle land; the UL area percentage is 0.09%.

During 1990-2013, a series of changes in the landscape indices of Fengqiu county took place. The general trend of LPI decreased from 1990 to 2013 at landscape scale, but from 2002 to 2009 the LPI showed a dramatic rise (Table 6). LPI value at landscape scale is the same as LPI value of CL at class scale from 1990 to 2013 (Table 5 and Table 6). In other words, the largest patch of landscape is the largest patch of CL. The whole decreased trend of LPI is the result of "Returning farmland to forest" policy which increases the fragmentation of CL. Two reasons are suggested for the NP falling from 43,788 to 14,860. One is the increased intensity of land use; the other is the agglomerative development of rural settlement and industry. Human activity is the main driving force for SHEI decline. With the increased intensity of land use, the UL disappears gradually. Five landscape types almost become four landscape type in 2013, which leads to the falling of SHEI. PAFRAC and LSI show a decline in trend from 1990 to 2002 at landscape scale. Both presented the patch shape of landscape is being regularized and simplified, which indicated that human activity was the main driving force (Zhou et al., 2006). Generally, human activities is the main impact factor on landscape pattern at the short time scale (Zhu et al., 2011).

According to the second law of thermodynamics, the system entropy value will increase if there is no external disturbance. So we can believe the land use change of study region is deeply disturbed, and the whole land use change trend to uniform distribution from 1990 to 2013. From 2002 to 2009, there was the largest change of entropy value, which means the study region was undergone the maximum disturbance.

How to quantify these disturbances (driving forces: cultural driving forces and natural driving forces), a Generalized Linear Model (GLM) is set up in this paper. Taking entropy value which can be got from formula 8 as a dependent variable, some driving forces as independent variables, we can use linear regression to analyze their relationships (if we have more data). However, we only have four periods land use change data, it is not enough to make a analysis.

We just integrate area with the entropy model as an example in this paper. However, the land use change not only relate to area, but also distribution, shape and so on. So there is lots of work to do for the further research.

5. Conclusion

This study presented a spatio-temporal quantitative estimate of the historical changes in landscape patterns of Fengqiu County and examined the dominant driving forces leading to landscape variation. However, We were unable to analyse the landscape pattern change intensively for the following reason. Study of the landscape pattern change and its driving force often faces a problem of handling data of different qualities, especially when we combine data from social sciences with data from natural sciences (Matthias et al., 2004). We selected 12 indicators including natural and cultural factors from the Fengqiu statistical yearbook. Firstly, there is no recognized method for fusing the two different types of data in extrapolating the impact of driving force. Then, the accuracy and comprehensiveness of these indicators can be not completely assured. For example, we failed to obtain the technology evolution data for the whole study period, cultural inheritance datum etc. Yet such information is very important for us to understand the landscape pattern change and how to change the landscape pattern. In this way, the more information we have, the more accurate analysis we can we can offer. In addition, there are so many methods to analyze the relationships between the land use change and driving forces, but there are still lack of convinced method to process the data of different driving forces.

Acknowledgement

This research project is financed by National Natural Science Foundation of China with No. 41371195 & No. 51379078. The authors are grateful to Xu Shan and Tang Qian for improving the writing of the manuscript. We would also like to thank Lu Xunling, Liang Guofu and Zhao Qinghe for their data support and discussion in preparing this work.

References

Ao, X., T., Sun, Y.K. Tian, S.Y. 2014. Landscape and climate change in Zhalong Wetland. Journal of northeast forestry university. 42 (3), 55-72.

Bender, O., Boehmer, H.J., Jens, D. Schumacher, K.P. 2005. Analysis of land-use change in a sector of upper Franconia (Bavaria, Germany) since 1850 using land register records. Landscape Ecology. 20, 149-163.

Braimoh, A.K. 2006. Random and systematic land-cover transitions in northern Ghana. Agriculture, Ecosystems & Environment. 113, 254-263.

Dong, X.F., Liu, L.C., Wang, J.H., Shi, J. and Pan, J.H. 2009. Analysis of the landscape change at River Basin scale based on SPOT and TM fusion remote sensing images: a case study of the Weigou River Basin on the Chinese Loess Plateau. Int J Earth Sci (Geol Rundsch).=98, 651-664.

Hu, X.Y.P. 2014. Evolution characteristics and driving forces analysis of Tangshan Wetland from 2000 to 2010. Water Resources and Powe. 32 (4), 139-142.

Huang, N., Yang, M.H., Lin, Z.L., Yang, D.W., Huang, Y.F. 2012. Landscape pattern changes of Xiamen coastal zone and their impacts on local ecological security. Chinese Journal of Ecology. 31 (12), 3193-3202.

Jiao, Q.J., Zhang, B., Zhao, J.J., Liu, L.Y., Hu, Y. 2012. Landscape pattern analysis of alpine steppe based on airborne hyperspectral imagery in Maduo county, Qinghai Province. Acta Prataculturae Turae Sinica. 21 (2), 43-50.

Li, Y.H., Wu, W., Li, N.N., Bu, R.C., Hu Y.M. 2013. Effects of forest ownership regime on landscape pattern and animal habitat: A review. Chinese Journal of Ecology. 24 (7): 2056-2062.

Liang, Y.Y., Zhou, N.X., Xie, H.W., Jiang, M.P. 2013. Long-term dynamic simulation on forest landscape pattern changes in Mount Lushan. Acta Ecologica Sinica. 33 (24), 7807-7818.

Lichtenberg, E., Ding, C.R. 2008. Assessing farmland protection policy in China. Land Use Policy. 25 (1), 59-68.

Liu, J.K., Wang, S.Y., Wang, L., Mao, Z.P., Liu, C., Cheng, D.S., Wu J.P. 2014b. Wetland landscape pattern change and driving force analysis of Sanmenxia Reservoir. Yellow River. 36 (4), 82-85.

Liu, X., Li, Y., Shen, J., Fu, X., Xiao, R., Wu, J. 2014a. Landscape pattern changes at a catchment scale: a case study in the upper Jinjing river catchment in subtropical central china from 1933 to 2005. Landscape and Ecological Engineering. 10, 263-276.

Liv, N.H., Stein, T.D., Lngvild, A., Knut, R. 2007. Land-cover and structural changes in a western Norwegian cultural landscape since 1865, based on an old cadastral map and a field survey. Landscape Ecology. 22 (10), 1563-1574.

Lu, Q., Liu, L.J., Wang, Y.G., Li Y. 2013. Landscape pattern change and its driving forces in agricultural oasis of Sangong River basin in Xinjiang, Northwest China in recent 30 years. Chinese Journal of Ecology. 32 (3), 748-754.

Lu, X.L., Tang, Q., Liang, G.F., Ding S.Y. 2014. Plant Species diversity of non-agricultural habitats in the lower reaches of the Yellow River plain. ACTA ECOLOGICA SINICA. 35 (5), 1-10.

Matthias, B., Anna, M. H., Nina, S. 2004. Driving forces of landscape change- current and new directions. Landscape Ecology. 19, 857-868.

Nahuelhual, L., Carmona, A., Aguayo, M., Echeverria, C. 2013. Land use change and ecosystem services provision: A case study of recreation and ecotourism opportunities in Southern Chile. Landscape Ecology. 29 (2), 329-344.

Najafabadi, S.M., Soffianian, A., Rahdari, V., Amiri, F., Pradhan, B., Tabatabaei, T. 2014. Geospatial modeling to identify the effects of anthropogenic processes on landscape pattern change and biodiversity. Arabian Journal of Geosciences. 8 (3): 1557-1569.

Napton, D.E., Auch, RF, Headley, R., Taylor J.L. 2010. Land changes and their driving forces in the Southeastern United States. Reg Environ Change. 10, 37-53.

Pan, J.H., and Liu, X. 2013. Dynamic changes of land use and landscape pattern in Taolai River Basin in the recent 30 years. Agricultural Research in the Arid Areas. 31 (5), 142-149.

Pan, J.H., Su, Y.C., Huang, Y.S., Liu, X. 2012. Land use & Landscape Pattern change and its driving forces in Yumen city. Geographical Research. 31 (9), 1631-1639.

Peng, B.F., Chen, D.L., Li, I., W.J., Wang, Y.L. 2013. Stability of landscape pattern of land use: A case study of change. Scientia Geographica Sinica. 33 (12), 1484-1488.

Perry, G.L.W. 2002. Landscapes, space and equilibrium: shifting viewpoints. Prog Phys Geogr. 26, 339-359.

Smit, B., Cai, Y.L. 1996. Climate change and agriculture in China. Glob Environ Change. 6, 205-214.

Song, X., Yang, G.X., Yan, C.Z., Duan, H.C., Liu, G.H., Zhu, Y.L. 2009. Driving forces behind land use and cover change in the Qinghai-Tibetan Plateau: a case study of the source region of the Yellow River, Qinghai Province, China. Environ Earth Sci. 59, 793-801.

Takenori, T., Asako, M., Shigeaki, F., Hasegawa, S. 2010. Derivation of a yearly transition probability matrix for land-use dynamics and its applications. Landscape Ecology. 25, 561-572.

Teixeira, A. M. G., Soares-Filho, B. S., Freitas, S. R., Metzger, J. P. 2009. Modeling landscape dynamics in an atlantic rainforest region: implications for conservation. Forest ecology and management. 257 (4), 1219-1230.

Verburg, P.H., Soepboer, W., Veldkamp, A., Limpiada, R., Espaldon, V., Mastura, S.S.A. 2002. Modeling the spatial dynamics of regional land use: the CLUES model. Environmental Management. 30, 391-405.

Wang, A.Q., Liu, G.X., Li, X.J. 2009. Dynamic analysis of landscape pattern of grassland in Damao Banner of Inner Mongolia Based on TM images. Chinese Journal of Grassland. 31 (5), 30-36.

Wang, H.J., Gao, R.H., Miao, S., Li, H.P. 2010. Study of desert steppe dynamic landscape pattern of inner Mongolia. Journal of Inner Mongolia Agricultural University. 31 (1), 56-61.

Wang, J.F., Zhu, Y.Y. 2003. The abnormal climate event and its impact of Henan in 2003. Henan Meteorological Phenomena. 28 (2), 29.

Wang, Q., Meng, J.J., Mao, X.Y. 2014. Scenario simulation and landscape pattern assessment of land use change based on neighborhood analysis and auto-logistic model: A case study of Lijiang River Basin. Geographical Research. 33 (6), 1073-1084.

Wu, J.G. 2002. Landscape Ecology: Pattern, Process, Scale and Hierarchy. Beijing: Higher Education Press: 26-27.

Zhang, Z.H., Yang, Y.C, , Xie, P., Zhao, S.S., Lin, S.J., Bao, G.D., Zhang, D., W., Li, Y. 2014. Dynamic variation of landscape pattern of land use in Songyuan City in nearly 20 years. Chinese Agricultural Science Bulletin. 30 (2), 222-226.

Zhao, R.F., Chen, Y.N., Shi, P.J., Zhang, L.H., Pan, J.H., Zhao, H.L. 2012. Land use and land cover change and driving mechanism in the arid inland river basin: a case study of Tarim River, Xinjiang, China. Environmental Earth Sciences, 68 (2), 591-604.

Zhao, Z.G., Wang, K.R., Xiang, K.C., Xie, X.L. 2013. Assessment on agricultural landscape pattern and ecosystem service values of Jidong plain——a case study of Luan County. Research of Soil and Water Conservation. 19 (3), 221-230.

Zhou, T. J., Zhao, Y.N., Sun, B.P. 2006. Study on change of land use and landscape pattern of Yanchi County, Ningxia. Journal of Soil and Water Conservation. 20 (1), 135-138.

Zhu, Z.Q., Liu, L.M., Chen, Z.T., Zhang, J.L., Verburg, P.H. 2010. Land-use change simulation and assessment of driving factors in the loess hilly region—a case study as Pengyang County. Environmental Monitoring and Assessment. 164, 133-142.

Zipperer, W. C. 2002. Species composition and structure of regenerated and remnant forest patches within an urban landscape. Urban Ecosystems. 6 (4), 271-290.

Zuo, L.J., Xu, J.Y., Zhang, Z.X., Wen, Q.K., Liu. B., Zhao, X.L., Yi, L. 2011. Spatial-temporal land use change and landscape response in Bohai Sea coastal zone area. Journal of Remote Sensing. 15 (3), 604-611.